F. W. Küster

Logarithmische Rechentafeln für Chemiker

Pharmazeuten, Mediziner und Physiker

Neunzehnte Auflage

Bearbeitet von Professor Dr. A. Thiel

Verlag von Veit & Comp. in Leipzig

Zur Benachrichtigung.

Die Internationale Atomgewichtskommission veröffentlicht (soweit möglich) alljährlich die Atomgewichtszahlen, welche dem jedesmaligen Stande der Wissenschaft entsprechen. Die vorliegende 19. Auflage der Rechentafeln ist mit den neuesten Zahlen berechnet worden, welche die Internationale Kommission veröffentlicht hat.

A. Thiel.

Gesamtteuerungszuschlag bis auf weiteres 25 %.

F. W. Küster

* 11. 4. 1861.

† 22. 6. 1917.

LOGARITHMISCHE RECHENTAFELN FÜR CHEMIKER, PHARMAZEUTEN, MEDIZINER UND PHYSIKER.

Begründet von

Professor Dr. F. W. Küster †.

Für den Gebrauch im Unterrichtslaboratorium und in der Praxis berechnet und mit Erläuterungen versehen.

Nach dem gegenwärtigen Stande der Forschung bearbeitet von

Professor Dr. A. Thiel.

Neunzehnte, verbesserte und vermehrte Auflage.

Leipzig
Verlag von Veit & Comp.
1918.

Vorbemerkung: Messungsresultate, also auch Analysen, sind mit so vielen Stellen anzugeben, als es der Genauigkeit der Messung entspricht, und zwar so, daß die vorletzte Stelle als sicher, die letzte als unsicher gilt.

Motto: Der Mangel an mathematischer Bildung gibt sich durch nichts so auffallend zu erkennen, wie durch maßlose Schärfe im Zahlenrechnen. Hagen.

1. Auflage 1894.
2. „ 1900.
3. „ 1902.
4. „ 1904.
5. „ 1905.
6. „ 1906.
7. „ 1907.
8. „ 1908.
9. „ 1909.
10. „ 1910.
11. „ 1911.
12. „ 1912.
13. „ 1913.
14. „ 1914.
15. „ 1915.
16. „ 1916.
17. „ 1917.
18. „ 1917.
19. „ 1918.

Druck von Metzger & Wittig in Leipzig.

Vorwort zur neunzehnten Auflage.

Wiederum ist nach weniger als Jahresfrist eine neue Auflage der Logarithmischen Rechentafeln erforderlich geworden. Auch dieser Umstand ist — angesichts der praktisch vollkommenen Absperrung vom Auslande — ein Gradmesser für die Intensität chemischer Arbeit innerhalb des mitteleuropäischen Blocks. So manches dieser Büchlein würde erzählen können von der rastlosen Arbeit in den Laboratorien und Fabriken, wo die chemischen Waffen geschmiedet werden, die für Deutschlands Daseinskampf gegen fast die ganze Welt so ungeheure Bedeutung gewonnen haben. Ohne sie wäre das umstellte Wild längst eine Beute der übermächtigen Angreifer geworden, während wir jetzt mit Zuversicht der nahenden Entscheidung des gigantischen Ringes zu unseren Gunsten entgegensehen können. Unermüdliche Friedensarbeit im Unterrichts- und Forschungslaboratorium trägt jetzt ihre Früchte, und als ein nützliches Glied in der großen Kette dieser Arbeit darf man auch dieses kleine Buch werten.

Die vorliegende 19. Auflage bringt für die Freunde dieses Buches ein Bild seines Begründers aus den letzten Jahren. „Leben heißt Kämpfen" lautete ein Wahlspruch, der dem streitbaren Autor von befreundeter Seite einst im Scherze in den Mund gelegt wurde. Er hat ihn dann im Ernste als sein Eigen erklärt und sich treulich an ihn gehalten bei den mancherlei schwierigen Aufgaben und in den vielfachen Widerwärtigkeiten, die das Leben ihm brachte.

Die internationale Atomgewichtsforschung und -festsetzung ruht begreiflicherweise noch immer, und so haben wir denn, wie in der vorigen Auflage, so auch in dieser noch mit den für 1916 festgesetzten Atomgewichten zu rechnen.

In der Einrichtung der Tafeln sind einige Änderungen vorgenommen worden. Die Trennungsstriche in den Tafeln I und IV werden der größeren Übersichtlichkeit dienen; zu demselben Zwecke ist auch die Anordnung der Tafel IV etwas verändert worden. Die Tafel XVI ist völlig neu berechnet werden. Nachdem die Untersuchungen über das elektrochemische Äquivalent jüngst zu einem vorläufigen Abschlusse gelangt sind, ist die allgemeine Durchführung der Berechnung auf der Grundlage 1 F = 96500 Coulombs berechtigt; gleichzeitig ist der Rotdruck in diese Tabelle, ebenso wie in die Tabellen VIII bis XII, eingeführt worden. In ganz veränderter Form stellen sich die vierziffrigen Logarithmentafeln dar. Es entspricht einem immer wieder von verschiedenen Seiten geäußerten Wunsche, wenn unter Zurückgreifen auf die Form älterer Auflagen eine Druckart gewählt wurde, welche die Augen bei längerem Arbeiten weniger anstrengt.

Oberrealschüler Ludwig Reichel-Bayreuth hat dankenswerterweise einen Rechenfehler, der sich jahrelang versteckt gehalten, aufgefunden.

Sonst sind Fehleranzeigen, außer der Nachweisung eines schon seit Jahren berichtigten Druckfehlers in einer früheren Auflage, nicht eingegangen.

Alle Herren Fachgenossen bitte ich wiederum, mir auch weiterhin ihre wertvolle Unterstützung bei der Verbesserung und Vervollständigung der Rechentafeln zu gewähren.

Allen Zusendungen bitte ich die Absender-Anschriften beizufügen.

Marburg (Lahn), Weißenburgstraße 36,
März 1918.

A. Thiel.

Inhalt.

Tafeln.

Erläuterungen zu Tafel I siehe Seite 51.

1	Ag	Silber	107,88	03 294
2	Al	Aluminium	27,1	43 297
3	Ar	Argon	39,88	60 076
4	As	Arsen	74,96	87 483
5	Au	Gold	197,2	29 491
6	B	Bor	11,0	04 139
7	Ba	Barium	137,37	13 789
8	Be	Beryllium	9,1	95 904
9	Bi	Wismut	208,0	31 806
10	Br	Brom	79,92	90 266
11	C	Kohlenstoff	12,005	07 936
12	Ca	Calcium	40,07	60 282
13	Cd	Cadmium	112,40	05 077
14	Ce	Cerium	140,25	14 690
15	Cl	Chlor	35,46	54 974
16	Co	Kobalt	58,97	77 063
17	Cr	Chrom	52,0	71 600
18	Cs	Cäsium	132,81	12 323
19	Cu	Kupfer	63,57	80 325
20	Dy	Dysprosium	162,5	21 085
21	Er	Erbium	167,7	22 453
22	Eu	Europium	152,0	18 184
23	F	Fluor	19,0	27 875
24	Fe	Eisen	55,84	74 695
25	Ga	Gallium	69,9	84 448
26	Gd	Gadolinium	157,3	19 673
27	Ge	Germanium	72,5	86 034
28	H	Wasserstoff	1,008	00 346
29	He	Helium	4,00	60 206
30	Hg	Quecksilber	200,6	30 233
31	Ho	Holmium	163,5	21 352
32	In	Indium	114,8	05 994
33	Ir	Iridium	193,1	28 578
34	J	Jod	126,92	10 353
35	K	Kalium	39,10	59 218
36	Kr	Krypton	82,92	91 866
37	La	Lanthan	139,0	14 301
38	Li	Lithium	6,94	84 136
39	Lu	Lutetium	175,00	24 304
40	Mg	Magnesium	24,32	38 596
41	Mn	Mangan	54,93	73 981
42	Mo	Molybdän	96,0	98 227

43	N	Stickstoff	14,01	14 644
44	Na	Natrium	23,00	36 173
45	Nb	Niobium	93,5	97 081
46	Nd	Neodymium	144,3	15 927
47	Ne	Neon	20,2	30 535
48	Ni	Nickel	58,68	76 849
49	Nt	Niton	222,4	34 713
50	O	Sauerstoff	16,000	20 412
51	Os	Osmium	190,9	28 081
52	P	Phosphor	31,04	49 192
53	Pb	Blei	207,20	31 639
54	Pd	Palladium	106,7	02 816
55	Pr	Praseodymium	140,9	14 891
56	Pt	Platin	195,2	29 048
57	Ra	Radium	226,0	35 411
58	Rb	Rubidium	85,45	93 171
59	Rh	Rhodium	102,9	01 242
60	Ru	Ruthenium	101,7	00 732
61	S	Schwefel	32,06	50 596
62	Sb	Antimon	120,2	07 990
63	Sc	Skandium	44,1	64 444
64	Se	Selen	79,2	89 873
65	Si	Silicium	28,3	45 179
66	Sm	Samarium	150,4	17 725
67	Sn	Zinn	118,7	07 445
68	Sr	Strontium	87,63	94 265
69	Ta	Tantal	181,5	25 888
70	Tb	Terbium	159,2	20 194
71	Te	Tellur	127,5	10 551
72	Th	Thorium	232,4	36 624
73	Ti	Titan	48,1	68 215
74	Tl	Thallium	204,0	30 963
75	Tu	Thulium	168,5	22 660
76	U	Uran	238,2	37 694
77	V	Vanadium	51,0	70 757
78	W	Wolfram	184,0	26 482
79	X	Xenon	130,2	11 461
80	Y	Yttrium	88,7	94 792
81	Yb	Ytterbium	173,5	23 930
82	Zn	Zink	65,37	81 538
83	Zr	Zirkonium	90,6	95 713

Erläuterungen zu Tafel I siehe Seite 51.

Die ein- bis sechsfachen Atomgewichte der wichtigsten

	1	log	2	log	3	log
Ag	107,88	03 294	215,76	33 397	323,64	51 006
Al	27,1	43 297	54,2	73 400	81,3	91 009
As	74,96	87 483	149,92	17 586	224,88	35 195
Au	197,2	29 491	394,4	59 594	591,6	77 203
B	11,0	04 139	22,0	34 242	33,0	51 851
Ba	137,37	13 789	274,74	43 892	412,11	61 501
Br	79,92	90 266	159,84	20 369	239,76	37 978
C	12,005	07 936	24,010	38 039	36,015	55 648
Ca	40,07	60 282	80,14	90 385	120,21	07 994
Cl	35,46	54 974	70,92	85 077	106,38	02 686
Cr	52,0	71 600	104,0	01 703	156,0	19 312
Cu	63,57	80 325	127,14	10 428	190,71	28 037
Fe	55,84	74 695	111,68	04 798	167,52	22 407
H	1,008	00 346	2,016	30 449	3,024	48 058
Hg	200,6	30 233	401,2	60 336	601,8	77 945
J	126,92	10 353	253,84	40 456	380,76	58 065
K	39,10	59 218	78,20	89 321	117,30	06 930
Mg	24,32	38 596	48,64	68 699	72,96	86 308
Mn	54,93	73 981	109,86	04 084	164,79	21 693
N	14,01	14 644	28,02	44 747	42,03	62 356
Na	23,00	36 173	46,00	66 276	69,00	83 885
O	16,000	20 412	32,000	50 515	48,000	68 124
P	31,04	49 192	62,08	79 295	93,12	96 904
Pb	207,20	31 639	414,40	61 742	621,60	79 351
Pt	195,2	29 048	390,4	59 151	585,6	76 760
S	32,06	50 596	64,12	80 699	96,18	98 308
Sb	120,2	07 990	240,4	38 093	360,6	55 703
Si	28,3	45 179	56,6	75 282	84,9	92 891
Sn	118,7	07 445	237,4	37 548	356,1	55 157
Sr	87,63	94 265	175,26	24 368	262,89	41 978
Zn	65,37	81 538	130,74	11 641	196,11	29 250

Erläuterungen zu Tafel II siehe Seite 51.

Elemente nebst den dazu gehörenden Logarithmen.

	4	log	5	log	6	log
Ag	431,52	63 500	539,40	73 191	647,28	81 109
Al	108,4	03 503	135,5	13 194	162,6	21 112
As	299,84	47 689	374,80	57 380	449,76	65 298
Au	788,8	89 697	986,0	99 388	1183,2	07 305
B	44,0	64 345	55,0	74 036	66,0	81 954
Ba	549,48	73 995	686,85	83 686	824,22	91 604
Br	319,68	50 472	399,60	60 163	479,52	68 081
C	48,020	68 142	60,025	77 834	72,030	85 751
Ca	160,28	20 488	200,35	30 179	240,42	38 097
Cl	141,84	15 180	177,30	24 871	212,76	32 789
Cr	208,0	31 806	260,0	41 497	312,0	49 415
Cu	254,28	40 531	317,85	50 222	381,42	58 140
Fe	223,36	34 901	279,20	44 592	335,04	52 510
H	4,032	60 552	5,040	70 243	6,048	78 161
Hg	802,4	90 439	1003,0	00 130	1203,6	08 048
J	507,68	70 559	634,60	80 250	761,52	88 168
K	156,40	19 424	195,50	29 115	234,60	37 033
Mg	97,28	98 802	121,60	08 493	145,92	16 411
Mn	219,72	34 187	274,65	43 878	329,58	51 796
N	56,04	74 850	70,05	84 541	84,06	92 459
Na	92,00	96 379	115,00	06 070	138,00	13 988
O	64,000	80 618	80,000	90 309	96,000	98 227
P	124,16	09 398	155,20	19 089	186,24	27 007
Pb	828,80	91 845	1036,00	01 536	1243,20	09 454
Pt	780,8	89 254	976,0	98 945	1171,2	06 864
S	128,24	10 803	160,30	20 493	192,36	28 412
Sb	480,8	68 196	601,0	77 887	721,2	85 806
Si	113,2	05 385	141,5	15 076	169,8	22 994
Sn	474,8	67 651	593,5	77 342	712,2	85 260
Sr	350,52	54 471	438,15	64 162	525,78	72 081
Zn	261,48	41 744	326,85	51 435	392,22	59 353

Erläuterungen zu Tafel II siehe Seite 51.

Höhere Multipla einiger Atomgewichte

C_7 bis C_{42}	log
7: 84,035	92 446
8: 96,040	98 245
9: 108,045	03 360
10: 120,05	07 936
11: 132,06	12 077
12: 144,06	15 854
13: 156,07	19 332
14: 168,07	22 549
15: 180,08	25 547
16: 192,08	28 348
17: 204,09	30 982
18: 216,09	33 463
19: 228,10	35 813
20: 240,10	38 039
21: 252,11	40 159
22: 264,11	42 178
23: 276,12	44 110
24: 288,12	45 957
25: 300,13	47 731
26: 312,13	49 434
27: 324,14	51 073
28: 336,14	52 652
29: 348,15	54 177
30: 360,15	55 648
31: 372,16	57 073
32: 384,16	58 451
33: 396,17	59 788
34: 408,17	61 084
35: 420,18	62 344
36: 432,18	63 566
37: 444,19	64 757
38: 456,19	65 915
39: 468,20	67 043
40: 480,20	68 142
41: 492,21	69 215
42: 504,21	70 261

C_{43} bis C_{58}	log
43: 516,22	71 283
44: 528,22	72 281
45: 540,23	73 258
46: 552,23	74 212
47: 564,24	75 146
48: 576,24	76 060
49: 588,25	76 956
50: 600,25	77 833
51: 612,26	78 694
52: 624,26	79 537
53: 636,27	80 364
54: 648,27	81 176
55: 660,28	81 973
56: 672,28	82 755
57: 684,29	83 524
58: 696,29	84 279

H_7 bis H_{22}	log
7: 7,056	84 856
8: 8,064	90 655
9: 9,072	95 770
10: 10,08	00 346
11: 11,09	04 493
12: 12,10	08 279
13: 13,10	11 727
14: 14,11	14 953
15: 15,12	17 955
16: 16,13	20 763
17: 17,14	23 401
18: 18,14	25 864
19: 19,15	28 217
20: 20,16	30 449
21: 21,17	32 572
22: 22,18	34 596

H_{23} bis H_{58}	log
23: 23,18	36 511
24: 24,19	38 364
25: 25,20	40 140
26: 26,21	41 847
27: 27,22	43 489
28: 28,22	45 056
29: 29,23	46 583
30: 30,24	48 058
31: 31,25	49 485
32: 32,26	50 866
33: 33,26	52 192
34: 34,27	53 491
35: 35,28	54 753
36: 36,29	55 979
37: 37,30	57 171
38: 38,30	58 320
39: 39,31	59 450
40: 40,32	60 552
41: 41,33	61 627
42: 42,34	62 675
43: 43,34	63 689
44: 44,35	64 689
45: 45,36	65 667
46: 46,37	66 624
47: 47,38	67 560
48: 48,38	68 467
49: 49,39	69 364
50: 50,40	70 243
51: 51,41	71 105
52: 52,42	71 950
53: 53,42	72 770
54: 54,43	73 584
55: 55,44	74 382
56: 56,45	75 166
57: 57,46	75 937
58: 58,46	76 686

Erläuterungen zu Tafel III siehe Seite 53.

Tafel III

nebst den dazu gehörenden Logarithmen.

O_7 bis O_{42}	log
7: 112,000..	04 922
8: 128,000..	10 721
9: 144,000..	15 836
10: 160	20 412
11: 176	24 551
12: 192	28 330
13: 208	31 806
14: 224	35 025
15: 240	38 021
16: 256	40 824
17: 272	43 457
18: 288	45 939
19: 304	48 287
20: 320	50 515
21: 336	52 634
22: 352	54 654
23: 368	56 585
24: 384	58 433
25: 400	60 206
26: 416	61 909
27: 432	63 548
28: 448	65 128
29: 464	66 652
30: 480	68 124
31: 496	69 548
32: 512	70 927
33: 528	72 263
34: 544	73 560
35: 560	74 819
36: 576	76 042
37: 592	77 232
38: 608	78 390
39: 624	79 518
40: 640	80 618
41: 656	81 690
42: 672	82 737

Al_7 bis Al_{15}	log
7: 189,7	27 807
8: 216,8	33 606
9: 243,9	38 721
10: 271	43 297
11: 298	47 422
12: 325	51 188
13: 352	54 654
14: 379	57 864
15: 407	60 959

Br_7 bis Br_{12}	log
7: 559,44	74 775
8: 639,36	80 575
9: 719,28	85 690
10: 799,2	90 266
11: 879,1	94 404
12: 959,0	98 182

Cl_7 bis Cl_{21}	log
7: 248,22	39 484
8: 283,68	45 283
9: 319,14	50 398
10: 354,6	54 974
11: 390,1	59 118
12: 425,5	62 890
13: 461,0	66 370
14: 496,4	69 583
15: 532,0	72 591
16: 567,4	75 389
17: 602,9	78 025
18: 638,3	80 502
19: 673,8	82 853
20: 709,2	85 077
21: 744,7	87 198

N_7 bis N_{24}	log
7: 98,07	99 154
8: 112,08	04 953
9: 126,09	10 069
10: 140,1	14 644
11: 154,1	18 780
12: 168,1	22 557
13: 182,1	26 031
14: 196,1	29 248
15: 210,2	32 263
16: 224,2	35 064
17: 238,2	37 694
18: 252,2	40 175
19: 266,2	42 521
20: 280,2	44 747
21: 294,2	46 864
22: 308,2	48 883
23: 322,2	50 813
24: 336,2	52 660

Si_7 bis Si_{21}	log
7: 198,1	29 687
8: 226,4	35 488
9: 254,7	40 603
10: 283,0	45 179
11: 311,3	49 318
12: 339,6	53 097
13: 367,9	56 573
14: 396,2	59 792
15: 424,5	62 788
16: 452,8	65 591
17: 481,1	68 224
18: 509,4	70 706
19: 537,7	73 054
20: 566,0	75 282
21: 594,3	77 401

Erläuterungen zu Tafel III siehe Seite 53.

Gewichte und Logarithmen häufig gebrauchter

	Gewicht	log
Ag_3AsS_3	494,78	69 441
$AgBr$	187,80	27 370
$AgCN$	133,90	12 678
$AgCl$	143,34	15 637
AgJ	234,80	37 070
$AgNO_3$	169,89	23 017
Ag_2O	231,76	36 504
Ag_2S	247,82	39 414
Ag_3SbS_3	540,0	73 239
Al_2O_3	102,2	00 945
$Al_2(SO_4)_3 \cdot 18H_2O$	666,7	82 393
As_2O_3	197,92	29 649
$\frac{1}{4}[As_2O_3]$	49,48	69 443
As_2O_5	229,92	36 158
AsO_3	122,96	08 977
As_2O_7	261,92	41 817
AsO_4	138,96	14 289
AsS	107,02	02 946
As_2S_3	246,10	39 111
As_2S_5	310,22	49 167
B_2O_3	70,0	84 510
$BaCO_3$	197,38	29 530
$BaCl_2$	208,29	31 867
$BaCl_2 \cdot 2H_2O$	244,32	38 796
$BaCrO_4$	253,4	40 381
$Ba(NO_3)_2$	261,39	41 729
BaO	153,37	18 574
$Ba(OH)_2 \cdot 8H_2O$	315,51	49 901
$\frac{1}{2}[Ba(OH)_2.8H_2O]$	157,76	19 800
$BaSO_4$	233,43	36 816
$BaSiF_6$	279,7	44 669
BeO	25,1	39 967

	Gewicht	log
Bi_2O_3	464,0	66 652
$BiOCl$	259,5	41 414
$BiPO_4$	303,0	48 144
Bi_2S_3	512,2	70 944
CH_2	14,021	14 678
CH_3	15,029	17 693
CH_4	16,037	20 512
CH_3O	31,029	49 177
C_2H_2	26,026	41 541
C_2H_5	29,050	46 315
C_2H_5O	45,050	65 369
C_2H_3O	43,034	63 381
$C_2H_3O_2$	59,034	77 110
C_6H_5	77,070	88 689
C_7H_5O	105,075	02 150
$C_{20}H_{16}N_4$(Nitron)	312,27	49 453
$C_{20}H_{16}N_4 \cdot HNO_3$	375,29	57 437
CN	26,02	41 531
CO_2	44,005	64 350
C_2O_4	88,010	94 453
CO_3	60,005	77 819
CaC_2	64,08	80 672
$CaC_2O_4 \cdot H_2O$	146,10	16 465
$CaCO_3$	100,08	00 035
$CaCl_2$	110,99	04 528
$CaCl_2 \cdot 6H_2O$	219,09	34 062
$CaCl_2O$	126,99	10 377
$\frac{1}{2}[CaCl_2O]$	63,50	80 277
CaF_2	78,1	89 265
$CaHPO_4 \cdot 2H_2O$	172,15	23 591
CaO	56,07	74 873
$Ca(OH)_2$	74,09	86 976
$Ca_3(PO_4)_2$	310,29	49 177
$CaSO_4$	136,13	13 395
$CaSO_4 \cdot 2H_2O$	172,16	23 593
$CaSiO_3$	116,4	06 595

Erläuterungen zu Tafel IV siehe Seite 53.

Molekeln, Atomgruppen und Äquivalente.

	Gewicht	log
CdO	128,40	10 857
CdS	144,46	15 975
$CdSO_4$	208,46	31 902
$CdSO_4 \cdot \frac{8}{3}H_2O$	256,50	40 909
Ce_3O_4	484,75	68 552
Ce_2O_3	328,50	51 654
CeO_2	172,25	23 626
CeO_3	188,25	27 474
$Ce_2(SO_4)_3 \cdot 8H_2O$	712,81	85 297
Cl_2O_5	150,92	17 875
ClO_3	83,46	92 148
ClO_4	99,46	99 765
$CoAs_2$	208,89	31 992
$CoAsS$	165,99	22 008
CoO	74,97	87 489
Co_3O_4	240,91	38 186
$CoSO_4$	155,03	19 042
$CoSO_4 \cdot 7H_2O$	281,14	44 892
CrO	68,0	83 251
Cr_3O_4	220,0	34 242
Cr_2O_3	152,0	18 184
CrO_3	100,0	00 000
Cr_2O_7	216,0	33 445
CrO_4	116,0	06 446
Cs_2SO_4	361,68	55 832
$CuCNS$	121,65	08 510
$CuCO_3 \cdot Cu(OH)_2$	221,16	34 471
$2CuCO_3 \cdot Cu(OH)_2$	344,74	53 749
$CuCl_2$	134,49	12 869
$CuFeS_2$	183,53	26 371
Cu_2O	143,14	15 576
CuO	79,57	90 075
Cu_2S	159,20	20 194
CuS	95,63	98 059
$CuSO_4$	159,63	20 311
$CuSO_4 \cdot 5H_2O$	249,71	39 744

	Gewicht	log
Er_2O_3	382,8	58 297
$FeAs_2$	205,76	31 336
$FeAsS$	162,82	21 171
$FeCO_3$	115,85	06 390
$FeCl_2 \cdot 4H_2O$	198,82	29 846
$FeCl_3$	162,22	21 010
$Fe(CrO_2)_2$	223,9	35 005
FeO	71,84	85 637
Fe_3O_4	231,52	36 459
Fe_2O_3	159,68	20 325
$FePO_4$	150,88	17 863
FeS	87,90	94 399
Fe_7S_8	547,36	81 115
FeS_2	119,96	07 904
$FeSO_4$	151,90	18 156
$FeSO_4 \cdot 7H_2O$	278,01	44 406
H_3BO_3	62,0	79 239
HBr	80,93	90 811
$H \cdot C_2H_3O_2$	60,042	77 846
HCN	27,02	43 169
$HCNS$	59,08	77 144
HCO_2	45,013	65 334
$H_2C_2O_4$	90,026	95 437
$H_2C_2O_4 \cdot 2H_2O$	126,058	10 057
$\frac{1}{2}[H_2C_2O_4 \cdot 2H_2O]$	63,029	79 954
HCl	36,47	56 194
$HClO_4$	100,47	00 204
H_2CrO_4	118,0	07 188
$H_2Cr_2O_7$	218,0	33 846
HF	20,0	30 103
$H_3Fe(CN)_6$	214,95	33 234
$H_4Fe(CN)_6$	215,96	33 437

Erläuterungen zu Tafel IV siehe Seite 53.

Gewichte und Logarithmen häufig gebrauchter

	Gewicht	log
HJ	127,93	10 697
HJO_3	175,93	24 534
HNO_3	63,02	79 948
HO	17,008	23 065
H_2O	18,016	25 565
$\frac{1}{2}H_2O$	9,008	95 463
H_2O_2	34,016	53 168
H_3PO_4	98,06	99 149
H_2PtCl_6	410,0	61 278
H_2S	34,08	53 250
$H_2S_2O_3$	114,14	05 744
H_2SO_3	82,08	91 424
H_2SO_4	98,08	99 158
$\frac{1}{2}[H_2SO_4]$	49,04	69 055
$H_2S_2O_8$	194,14	28 812
$\frac{1}{2}[H_2S_2O_8]$	97,07	98 709
H_2SiF_6	144,3	15 927
HgCl	236,1	37 310
$HgCl_2$	271,5	43 377
HgS	232,7	36 680
J_2O_5	333,84	52 354
JO_3	174,92	24 284
$KAl(SO_4)_2 \cdot 12H_2O$	474,5	67 624
$KAlSi_3O_8$	279,1	44 576
KBr	119,02	07 562
KCN	65,12	81 371
KCNS	97,18	98 758
K_2CO_3	138,21	14 054
KCl	74,56	87 251
$KClO_3$	122,56	08 835
$KClO_4$	138,56	14 164

	Gewicht	log
$K_3Co(NO_2)_6$	452,33	65 546
K_2CrO_4	194,2	28 825
$K_2Cr_2O_7$	294,2	46 864
$\frac{1}{6}[K_2Cr_2O_7]$	49,03	69 046
$KCr(SO_4)_2 \cdot 12H_2O$	499,4	69 845
$K_2Cu(SO_4)_2 \cdot 6H_2O$	441,99	64 541
$K_3Fe(CN)_6$	329,23	51 750
$K_4Fe(CN)_6$	368,33	56 624
$K_4Fe(CN)_6 \cdot 3H_2O$	422,38	62 570
$KFe(SO_4)_2 \cdot 12H_2O$	503,25	70 178
$KH(JO_3)_2$	389,95	59 101
$\frac{1}{12}KH(JO_3)_2$	32,496	51 183
KJ	166,02	22 016
KJO_3	214,02	33 045
$\frac{1}{6}KJO_3$	35,670	55 230
$KMnO_4$	158,03	19 874
$2KMnO_4$	316,06	49 977
$\frac{1}{5}KMnO_4$	31,61	49 977
KNO_2	85,11	92 998
KNO_3	101,11	00 479
$KNaC_4H_4O_6 \cdot 4H_2O$	282,22	45 059
K_2O	94,20	97 405
KOH	56,11	74 904
K_2PtCl_6	486,2	68 681
K_2SO_4	174,26	24 120
$K(SbO)C_4H_4O_6 \cdot \frac{1}{2}H_2O$	332,4	52 166
K_2SiF_6	220,5	34 341

Erläuterungen zu Tafel IV siehe Seite 53.

Molekeln, Atomgruppen und Äquivalente.

	Gewicht	log
La_2O_3	326,0	51 322
$LiCl$	42,40	62 737
Li_2O	29,88	47 538
Li_2SO_4	109,94	04 116
$Mg(AlO_2)_2$	142,5	15 381
$Mg_2As_2O_7$	310,56	49 214
$MgCO_3$	84,33	92 598
$MgCl_2$	95,24	97 882
$MgCl_2 \cdot 6H_2O$	203,34	30 822
MgO	40,32	60 552
$Mg_2P_2O_7$	222,72	34 776
$MgSO_4$	120,38	08 055
$MgSO_4 \cdot 7H_2O$	246,49	39 180
$MnCO_3$	114,94	06 047
MnO	70,93	85 083
Mn_3O_4	228,79	35 944
Mn_2O_3	157,86	19 827
MnO_2	86,93	93 917
$\frac{1}{2}[MnO_2]$	43,47	63 819
Mn_2O_7	221,86	34 608
$Mn_2P_2O_7$	283,94	45 323
MnS	86,99	93 947
$MnSO_4$	150,99	17 895
$MnSO_4 \cdot 5H_2O$	241,07	38 214
MoO_3	144,0	15 836
MoS_2	160,1	20 439

	Gewicht	log
NH_2	16,03	20 493
NH_3	17,03	23 121
NH_4	18,04	25 624
$(NH_4)CNS$	76,12	88 150
$(NH_4)_2C_2O_4 \cdot H_2O$	142,11	15 262
$(NH_4)Cl$	53,50	72 835
$(NH_4)Fe(SO_4)_2 \cdot 12H_2O$	482,19	68 322
$(NH_4)HS$	51,11	70 851
$(NH_4MgAsO_4)_2 \cdot H_2O$	380,66	58 054
$(NH_4)NaHPO_4 \cdot 4H_2O$	209,15	32 046
$(NH_4)OH$	35,05	54 469
$(NH_4)_3PO_4 \cdot 12MoO_3$	1877	27 346
$(NH_4)_2PtCl_6$	444,0	64 738
$(NH_4)_2S$	68,14	83 340
$(NH_4)_2SO_4$	132,14	12 103
$(NH_4)_2SO_4 \cdot FeSO_4 \cdot 6H_2O$	392,14	59 344
N_2O	44,02	64 365
NO	30,01	47 727
N_2O_3	76,02	88 093
NO_2	46,01	66 285
N_2O_5	108,02	03 350
NO_3	62,01	79 246

Erläuterungen zu Tafel IV siehe Seite 53.

Gewichte und Logarithmen häufig gebrauchter

	Gewicht	log		Gewicht	log
$NaAlSi_3O_8$	263,0	41 996	Na_2S	78,06	89 243
$Na_2Al_2H_4(SiO_4)_3$	381,1	58 104	$Na_2S_2O_3 \cdot 5H_2O$	248,20	39 480
$Na_2B_4O_7$	202,0	30 535	$Na_2SO_3 \cdot 7H_2O$	252,17	40 169
$Na_2B_4O_7 \cdot 10H_2O$	382,2	58 229	Na_2SO_4	142,06	15 247
$\frac{1}{2}[Na_2B_4O_7 \cdot 10H_2O]$	191,1	28 126	$Na_2SO_4 \cdot 10H_2O$	322,22	50 815
			$Na_2SnO_3 \cdot 3H_2O$	266,7	42 602
NaBr	102,92	01 250	$Na_2U_2O_7$	635,0	80 277
$NaC_2H_3O_2 \cdot 3H_2O$	136,08	13 379	$Na_2U_2O_7 \cdot 6H_2O$	743,1	87 105
			Nb_2O_5	267,0	42 651
Na_2CO_3	106,01	02 535	Nd_2O_3	336,6	52 711
$\frac{1}{2}[Na_2CO_3]$	53,00	72 428			
$Na_2CO_3 \cdot 10H_2O$	286,17	45 662	NiAs	133,64	12 594
$Na_2C_2O_4 \cdot \frac{1}{2}H_2O$	143,02	15 540	NiO	74,68	87 320
$Na_2C_2O_4 \cdot H_2O$	152,03	18 193	$NiSO_4$	154,74	18 960
NaCl	58,46	76 686	$NiSO_4 \cdot 7H_2O$	280,85	44 847
$Na_2Cr_2O_7 \cdot 2H_2O$	298,0	47 422	OH	17,008	23 065
NaF	42,0	62 325	PCl_3	137,42	13 805
$NaHCO_3$	84,01	92 433	PCl_5	208,34	31 877
$Na_2HPO_4 \cdot 12H_2O$	358,24	55 418	P_2O_3	110,08	04 171
NaHS	56,07	74 873	P_2O_5	142,08	15 253
$NaHSO_3$	104,07	01 733	P_2O_7	174,08	24 075
$NaHSO_4$	120,07	07 943	PO_4	95,04	97 791
$NaJO_3$	197,92	29 649	$P_2O_5 \cdot 24MoO_3$	3598	55 606
$NaNO_2$	69,01	83 891	$Pb(C_2H_3O_2)_2 \cdot 3H_2O$	379,32	57 901
$NaNO_3$	85,01	92 947			
Na_2O	62,00	79 239	$PbCO_3$	267,21	42 685
Na_2O_2	78,00	89 209	$PbCl_2$	278,12	44 423
NaOH	40,01	60 217	$PbCrO_4$	323,2	50 947
$NaPO_3$	102,04	00 877	$Pb(NO_3)_2$	331,22	52 012
$Na_4P_2O_7$	266,08	42 501	PbO	223,20	34 869
			Pb_2O_3	462,40	66 502
			Pb_3O_4	685,60	83 607
			PbO_2	239,20	37 876
			PbS	239,26	37 887
			$PbSO_4$	303,26	48 182

Erläuterungen zu Tafel IV siehe Seite 53.

Molekeln, Atomgruppen und Äquivalente.

	Gewicht	log
PdJ_2	360,5	55 691
Pr_4O_7	674,4	82 892
$PtCl_4$	337,0	52 763
$PtCl_6$	408,0	61 066
Rb_2SO_4	266,96	42 645
S_2Cl_2	135,04	13 046
SO_2	64,06	80 659
SO_3	80,06	90 342
SO_4	96,06	98 254
Sb_2O_3	288,4	46 000
Sb_2O_4	304,4	48 344
Sb_2O_5	320,4	50 569
$SbOCl$	171,7	23 477
Sb_2S_3	336,6	52 711
Sb_2S_5	400,7	60 282
SbS_3	216,4	33 526
SbS_4	248,4	39 515
Sc_2O_3	136,2	13 418
SeO_2	111,2	04 610
SeO_3	127,2	10 449
SiF_4	104,3	01 828
SiF_6	142,3	15 320
SiO_2	60,3	78 032
Si_3O_8	212,9	32 818
SiO_3	76,3	88 252
Si_2O_7	168,6	22 686
SiO_4	92,3	96 520
Sm_2O_3	348,8	54 258
$SnCl_2$	189,6	27 784
$SnCl_2 \cdot 2H_2O$	225,7	35 353
$SnCl_4$	260,5	41 581
SnO	134,7	12 937
SnO_2	150,7	17 811
$SrCO_3$	147,64	16 920
$Sr(NO_3)_2$	211,65	32 562
SrO	103,63	01 549
$Sr(OH)_2 \cdot 8H_2O$	265,78	42 452
$SrSO_4$	183,69	26 409
Ta_2O_5	442,0	64 542
TeO_2	159,5	20 276
TeO_3	175,5	24 428
$Th(NO_3)_4 \cdot 4H_2O$	552,52	74 235
$Th(NO_3)_4 \cdot 12H_2O$	696,65	84 301
ThO_2	264,42	42 229
TiO_2	80,1	90 363
UO_2	270,5	43 217
U_3O_8	843,5	92 609
$U_2P_2O_{11}$	715,1	85 437
V_2O_5	182,0	26 007
WO_3	232,0	36 549
Y_2O_3	226,0	35 411
Yb_2O_3	392	59 329
$ZnCO_3$	125,38	09 823
$ZnCl_2$	136,29	13 447
$Zn(NH_4)PO_4$	178,45	25 152
ZnO	81,37	91 046
$Zn_2P_2O_7$	304,82	48 404
ZnS	97,43	98 869
$ZnSO_4 \cdot 7H_2O$	287,54	45 870
ZrO_2	122,6	08 849

Erläuterungen zu Tafel IV siehe Seite 53.

Multipla mit Logarithmen einiger

	2	log	3	log	4	log
Al_2O_3	204,4	31 048	306,6	48 657	408,8	61 151
CH_2	28,042	44 781	42,063	62 390	56,084	74 884
CH_3	30,058	47 796	45,087	65 405	60,116	77 899
C_2H_5	58,10	76 418	87,15	94 027	116,20	06 521
C_2H_3O	86,068	93 484	129,102	11 093	172,14	23 588
C_7H_5O	210,15	32 253	315,23	49 863	420,30	62 356
CN	52,03	71 625	78,05	89 237	104,06	01 728
CO_2	88,010	94 453	132,015	12 062	176,020	24 556
CO_3	120,010	07 922	180,015	25 531	240,020	38 025
CaO	112,14	04 976	168,21	22 585	224,28	35 079
Cr_2O_3	304,0	48 287	456,0	65 896	608,0	78 390
CuO	159,14	20 178	238,71	37 787	318,28	50 281
FeO	143,68	15 740	215,52	33 349	287,36	45 843
Fe_2O_3	319,36	50 428	479,04	68 037	638,72	80 531
HCO_2	90,026	95 437	135,039	13 046	180,052	25 540
HCl	72,94	86 297	109,40	03 902	145,87	16 397
HNO_3	126,04	10 051	189,05	27 658	252,07	40 152
H_2SO_4	196,15	29 259	294,23	46 869	392,30	59 362
K_2O	188,40	27 508	282,60	45 117	376,80	57 611
MgO	80,64	90 655	120,96	08 265	161,28	20 758
NH_2	32,05	50 583	48,08	68 196	64,10	80 686
NH_4	36,08	55 727	54,13	73 344	72,17	85 836
NO_3	124,02	09 349	186,03	26 958	248,04	39 452
Na_2O	124,00	09 342	186,00	26 951	248,00	39 445
OH	34,016	53 168	51,024	70 778	68,032	83 271
PO_4	190,08	27 893	285,12	45 503	380,16	57 997
P_2O_5	284,16	45 356	426,24	62 965	568,32	75 459
SO_2	128,12	10 762	192,18	28 371	256,24	40 865
SO_3	160,12	20 445	240,18	38 054	320,24	50 548
SO_4	192,12	28 357	288,18	45 966	384,24	58 460
SiO_2	120,6	08 135	180,9	25 744	241,2	38 238
SiO_3	152,6	18 355	228,9	35 965	305,2	48 458
Si_2O_7	337,2	52 789	505,8	70 398	674,4	82 892
SiO_4	184,6	26 623	276,9	44 232	369,2	56 726

H_2O Seite 19.

Erläuterungen zu Tafel V siehe Seite 54.

Molekeln und Atomgruppen. ‖ Wasser.

	5	log	6	log	H_2O	log
Al_2O_3	511,0	70 842	613,2	78 760	1: 18,016	25 565
CH_2	70,11	84 578	84,13	92 495	2: 36,032	55 669
CH_3	75,15	87 593	90,17	95 506	3: 54,048	73 277
C_2H_5	145,25	16 212	174,30	24 130	4: 72,064	85 771
C_2H_3O	215,17	33 278	258,20	41 196	5: 90,08	95 463
C_7H_5O	525,38	72 047	630,45	79 965	6: 108,10	03 381
CN	130,08	11 421	156,09	19 338	7: 126,11	10 076
CO_2	220,025	34 247	264,030	42 165	8: 144,13	15 875
CO_3	300,025	47 716	360,030	55 634	9: 162,14	20 990
CaO	280,35	44 770	336,42	52 688	10: 180,16	25 565
Cr_2O_3	760,0	88 081	912,0	95 999	11: 198,18	29 706
CuO	397,85	59 972	477,42	67 890	12: 216,19	33 484
FeO	359,20	55 534	431,04	63 452	13: 234,21	36 961
Fe_2O_3	798,4	90 222	958,1	98 141	14: 252,22	40 178
HCO_2	225,065	35 231	270,078	43 149	15: 270,24	43 175
HCl	182,34	26 088	218,81	34 007	16: 288,26	45 978
HNO_3	315,09	49 844	378,11	57 762	17: 306,27	48 611
H_2SO_4	490,38	69 053	588,39	76 967	18: 324,29	51 094
K_2O	471,00	67 302	565,20	75 220	19: 342,30	53 441
MgO	201,60	30 449	241,92	38 368	20: 360,32	55 668
NH_2	80,13	90 380	96,16	98 299	21: 378,34	57 788
NH_4	90,21	95 525	108,25	03 443	22: 396,35	59 808
NO_3	310,05	49 143	372,06	57 061	23: 414,37	61 739
Na_2O	310,0	49 136	372,0	57 054	24: 432,38	63 587
OH	85,040	92 962	102,048	00 880	25: 450,40	65 360
PO_4	475,20	67 688	570,24	75 606	26: 468,42	67 064
P_2O_5	710,4	85 150	852,5	93 069	27: 486,43	68 702
SO_2	320,30	50 556	384,36	58 474	28: 504,45	70 282
SO_3	400,30	60 239	480,36	68 157	29: 522,46	71 805
SO_4	480,30	68 151	576,36	76 069	30: 540,48	73 278
SiO_2	301,5	47 929	361,8	55 847	31: 558,50	74 702
SiO_3	381,5	58 149	457,8	66 068	32: 576,51	76 081
Si_2O_7	843	92 583	1012	00 518	33: 594,53	77 417
SiO_4	461,5	66 417	553,8	74 335	34: 612,54	78 713

Erläuterungen zu Tafel V siehe Seite 54.

Tafel zum Berechnen

Gesucht	Gefunden	Faktor	log
Ag	AgBr	0,5744	75 924
	AgCl	0,7526	87 657
	Ag_2S	0,8706	93 983
Al	Al_2O_3	0,5303	72 455
As	As_2S_3	0,6092	78 475
	As_2S_5	0,4833	68 419
	$(NH_4MgAsO_4)_2 \cdot H_2O$	0,3939	59 532
	$Mg_2As_2O_7$	0,4827	68 372
	$Mg_2P_2O_7$	0,6731	82 810
	$BaSO_4$	0,2141	33 058
As_2O_3	As_2S_3	0,8042	90 538
	As_2S_5	0,6380	80 482
	$(NH_4MgAsO_4)_2 \cdot H_2O$	0,5200	71 595
	$Mg_2As_2O_7$	0,6373	80 435
	$Mg_2P_2O_7$	0,8886	94 873
	$BaSO_4$	0,2826	45 121
As_2O_5	As_2S_3	0,9343	97 047
	As_2S_5	0,7412	86 991
	$(NH_4MgAsO_4)_2 \cdot H_2O$	0,6040	78 104
	$Mg_2As_2O_7$	0,7404	86 944
	$Mg_2P_2O_7$	1,0323	01 382
	$BaSO_4$	0,3283	51 630
AsO_3	As_2S_3	0,9993	99 969
	As_2S_5	0.7927	89 913
	$(NH_4MgAsO_4)_2 \cdot H_2O$	0,6461	81 026
	$Mg_2As_2O_7$	0,7919	89 866
	$Mg_2P_2O_7$	1,1042	04 304
	$BaSO_4$	0,3512	54 552
AsO_4	As_2S_3	1,1293	05 281
	As_2S_5	0,8959	95 225
	$(NH_4MgAsO_4)_2 \cdot H_2O$	0,7299	86 338
	$Mg_2As_2O_7$	0,8950	95 178
	$Mg_2P_2O_7$	1,2479	09 616
	$BaSO_4$	0,3969	59 864

Erläuterungen zu Tafel VI siehe Seite 54.

der Analysen.

Gesucht	Gefunden	Faktor	log
Ba	$BaCO_3$	0,6960	84 259
	$BaCrO_4$	0,5421	73 408
	$BaSO_4$	0,5885	76 973
	$BaSiF_6$	0,4911	69 120
$BaCO_3$	$BaCrO_4$	0,7789	89 149
$BaCl_2$	$BaSO_4$	0,8923	95 051
$BaCl_2 \cdot 2H_2O$	$BaSO_4$	1,0466	01 980
$Ba(NO_3)_2$	$BaCrO_4$	1,0311	01 348
BaO	$BaCO_3$	0,7770	89 044
	$BaCrO_4$	0,6052	78 193
	$BaSO_4$	0,6570	81 758
	$BaSiF_6$	0,5483	73 905
Be	BeO	0,3626	55 937
Bi	Bi_2O_3	0,8965	95 257
	BiOCl	0,8015	90 392
	$BiPO_4$	0,6865	83 662
	Bi_2S_3	0,8122	90 965
Br	AgBr	0,4256	62 896
C	CO_2	0,2728	43 586
CH_3O	AgJ	0,1322	12 107
C_2H_5O	AgJ	0,1919	28 299
CN	AgCN	0,1943	28 853
CO_2	$CaCO_3$	0,4397	64 315
	CaO	0,7848	89 477
	MgO	1,0914	03 798
CO_3	CO_2	1,3636	13 469
Ca	$CaCO_3$	0,4004	60 247
	$CaC_2O_4 \cdot H_2O$	0,2743	43 817
	CaO	0,7147	85 409
	$CaSO_4$	0,2944	46 887
$CaCO_3$	CaO	1,7849	25 162
	$CaC_2O_4 \cdot H_2O$	0,6850	83 570
	$CaSO_4$	0,7352	86 640

Erläuterungen zu Tafel VI siehe Seite 54.

Tafel zum Berechnen

Gesucht	Gefunden	Faktor	log
CaO	CO_2	1,2742	10 523
	$CaC_2O_4 \cdot H_2O$	0,3838	58 408
	$CaCO_3$	0,5603	74 838
	$CaSO_4$	0,4119	61 478
	$CaSO_4 \cdot 2H_2O$	0,3257	51 280
$Ca_3(PO_4)_2$	CaO	1,8447	26 592
	$Mg_2P_2O_7$	1,3932	14 401
$CaSO_4$	$BaSO_4$	0,5832	76 579
Cd	CdO	0,8754	94 220
	$CdSO_4$	0,5392	73 175
CdO	$CdSO_4$	0,6160	78 955
Ce	Ce_2O_3	0,8539	93 139
	CeO_2	0,8140	91 064
Cl	Ag	0,3287	51 680
	$AgCl$	0,2474	39 337
Co	$CoSO_4$	0,3804	58 021
CoO	Co	1,2713	10 426
	$CoSO_4$	0,4836	68 447
Cr	$BaCrO_4$	0,2052	31 219
	Cr_2O_3	0,6842	83 519
	$PbCrO_4$	0,1609	20 653
Cr_2O_3	$BaCrO_4$	0,2999	47 700
	$PbCrO_4$	0,2351	37 134
CrO_3	$BaCrO_4$	0,3947	59 619
	Cr_2O_3	1,3160	11 919
	$PbCrO_4$	0,3094	49 053
CrO_4	$BaCrO_4$	0,4578	66 065
	Cr_2O_3	1,5263	18 365
	$PbCrO_4$	0,3589	55 499
Cs	Cs_2SO_4	0,7344	86 594

Erläuterungen zu Tafel VI siehe Seite 54.

der Analysen.

Gesucht	Gefunden	Faktor	log
Cu	CuO	0,7989	90 250
	Cu_2S	0,7986	90 234
$CuCl_2$	CuO	1,6902	22 794
$CuFeS_2$	Cu_2S	2,3057	36 280
Cu_2O	CuO	0,8995	95 398
CuO	Cu	1,2517	09 750
	Cu_2S	0,9996	99 984
$CuSO_4$	CuO	2,0061	30 236
$CuSO_4 \cdot 5H_2O$	Cu	3,9282	59 419
	Cu_2S	3,1371	49 653
Er	Er_2O_3	0,8746	94 182
F	CaF_2	0,4866	68 713
	SiF_4	0,7287	86 253
Fe	Fe_2O_3	0,6994	84 473
$FeCl_3$	Fe_2O_3	2,0318	30 788
FeO	Fe	1,2865	10 942
	Fe_2O_3	0,8998	95 415
Fe_2O_3	Fe	1,4298	15 527
	$FePO_4$	0,5292	72 359
FeS_2	Fe_2O_3	1,5025	17 682
H	H_2O	0,1119	04 884
HBr	AgBr	0,4309	63 441
HCl	AgCl	0,2544	40 557
HJ	AgJ	0,5448	73 627
HNO_3	$C_{20}H_{16}N_4 \cdot HNO_3$	0,1679	22 511
	NH_4Cl	1,1779	07 113
	$(NH_4)_2PtCl_6$	0,2839	45 313
	NO	2,1000	32 221
	Pt	0,6457	81 003
H_2SO_4	$BaSO_4$	0,4202	62 342
Hg	HgCl	0,8496	92 923
	HgS	0,8620	93 553
J	AgJ	0.5405	73 283
	PdJ_2	0,7041	84 765

Erläuterungen zu Tafel VI siehe Seite 54.

Tafel zum Berechnen

Gesucht	Gefunden	Faktor	log
K	KCl	0,5244	71 967
	$KClO_4$	0,2822	45 059
	K_2PtCl_6 empirisch	0,1603	20 493
	K_2SO_4	0,4488	65 201
	Pt	0,4006	60 273
KCl	$KClO_4$	0,5381	73 087
	K_2PtCl_6 empirisch	0,3056	48 515
	Pt	0,7639	88 306
K_2O	KCl	0,6317	80 051
	$KClO_4$	0,3400	53 144
	K_2PtCl_6 empirisch	0,1931	28 578
	K_2SO_4	0,5406	73 285
	Pt	0,4826	68 357
K_2SO_4	$BaSO_4$	0,7465	87 304
La	La_2O_3	0,8527	93 082
Li	LiCl	0,1637	21 399
	Li_2SO_4	0,1262	10 123
Li_2O	LiCl	0,3524	54 698
	Li_2SO_4	0,2718	43 422
Mg	MgO	0,6032	78 044
	$Mg_2P_2O_7$	0,2184	33 923
$MgCO_3$	$Mg_2P_2O_7$	0,7573	87 925
MgO	$Mg_2P_2O_7$	0,3621	55 879
Mn	Mn_3O_4	0,7203	85 749
	$Mn_2P_2O_7$	0,3869	58 761
	MnS	0,6315	80 034
	$MnSO_4$	0,3638	56 086
$MnCO_3$	Mn_3O_4	1,5071	17 815
MnO	Mn_3O_4	0,9301	96 851
	MnS	0,8154	91 136
Mo	MoO_3	0,6667	82 391
	MoS_2	0,5996	77 788
N	NH_4Cl	0,2619	41 809
	$(NH_4)_2PtCl_6$	0,0631	80 009
	Pt	0,1435	15 699

Erläuterungen zu Tafel VI siehe Seite 54.

der Analysen.

Gesucht	Gefunden	Faktor	log
NH_3	NH_4Cl	0,3183	50 286
	$(NH_4)_2PtCl_6$	0,0767	88 486
	Pt	0,1745	24 176
NH_4	NH_4Cl	0,3372	52 789
	$(NH_4)_2PtCl_6$	0,0813	90 989
	Pt	0,1848	26 679
NO_3	$C_{20}H_{16}N_4 \cdot HNO_3$	0,1652	21 809
	NH_4Cl	1,1591	06 411
	$(NH_4)_2PtCl_6$	0,2793	44 611
	NO	2,0663	31 519
	Pt	0,6353	80 301
N_2O_5	$C_{20}H_{16}N_4 \cdot HNO_3$	0,1439	15 810
	NH_4Cl	1,0095	00 412
	$(NH_4)_2PtCl_6$	0,2433	38 612
	NO	1,7997	25 520
	Pt	0,5534	74 302
Na	NaCl	0,3934	59 487
	Na_2SO_4	0,3238	51 029
Na_2O	NaCl	0,5303	72 450
	Na_2SO_4	0,4364	63 992
Na_2SO_4	$BaSO_4$	0,6086	78 431
Ni	NiO	0,7858	89 529
	$NiC_8H_{14}N_4O_4$	0,2031	30 778
	O	3,6675	56 437
NiO	Ni	1,2726	10 471
P	$Mg_2P_2O_7$	0,2787	44 519
	$(NH_4)_3PO_4 \cdot 12MoO_3$	0,0164	21 504
	$P_2O_5 \cdot 24MoO_3$	0,0173	23 689
P_2O_5	$Mg_2P_2O_7$	0,6379	80 477
	$(NH_4)_3PO_4 \cdot 12MoO_3$	0,0376	57 462
	$P_2O_5 \cdot 24MoO_3$	0,0395	59 647
PO_4	$Mg_2P_2O_7$	0,8535	93 118
	$(NH_4)_3PO_4 \cdot 12MoO_3$	0,0502	70 103
	$P_2O_5 \cdot 24MoO_3$	0,0528	72 288

Erläuterungen zu Tafel VI siehe Seite 54.

Tafel zum Berechnen

Gesucht	Gefunden	Faktor	log
Pb	$PbCrO_4$	0,6411	80 692
	PbO	0,9283	96 770
	PbO_2	0,8662	93 763
	PbS	0,8660	93 752
	$PbSO_4$	0,6832	83 457
$PbCrO_4$	Cr_2O_3	4,2526	62 866
	PbO	1,4480	16 078
PbO	$PbCrO_4$	0,6906	83 922
	PbO_2	0,9331	96 993
	PbS	0,9329	96 982
	$PbSO_4$	0,7360	86 687
PbS	$PbSO_4$	0,7890	89 705
$PbSO_4$	PbO	1,3587	13 313
	$BaSO_4$	1,2991	11 366
Rb	Rb_2SO_4	0,6402	80 629
S	$BaSO_4$	0,1373	13 780
SO_2	$BaSO_4$	0,2744	43 843
SO_3	$BaSO_4$	0,3430	53 526
SO_4	$BaSO_4$	0,4115	61 438
Sb	Sb_2O_4	0,7898	89 749
	Sb_2S_3	0,7142	85 382
	Sb_2S_5	0,5999	77 811
Sb_2O_3	Sb_2O_4	0,9475	97 656
	Sb_2S_3	0,8568	93 289
	Sb_2S_5	0,7198	85 718
Sb_2S_3	Sb_2O_4	1,1058	04 367
SeO_2	Se	1,4040	14 737
SeO_3	Se	1,6061	20 576
Si	SiO_2	0,4693	67 147
SiO_3	SiO_2	1,2653	10 220
Si_2O_7	SiO_2	1,3980	14 551
SiO_4	SiO_2	1,5307	18 488

Erläuterungen zu Tafel VI siehe Seite 54.

der Analysen.

Gesucht	Gefunden	Faktor	log
Sn	SnO_2	0,7877	89 634
Sr	$SrCO_3$	0,5935	77 345
	$SrSO_4$	0,4770	67 856
$SrCO_3$	$Sr(NO_3)_2$	0,6976	84 358
	$Sr(OH)_2 \cdot 8 H_2O$	0,5555	74 468
	SrS	1,2335	09 115
	SrS_2O_3	0,7391	86 871
$Sr(OH)_2 \cdot 8 H_2O$	$Sr(NO_3)_2$	1,2557	09 890
	$Sr(SH)_2$	1,7286	23 768
	SrS_2O_3	1,3305	12 403
$SrSO_4$	$BaSO_4$	0,7869	89 593
TeO_2	Te	1,2510	09 725
TeO_3	Te	1,3765	13 877
Th	$Th(NO_3)_4 \cdot 4 H_2O$	0,4207	62 392
	ThO_2	0,8790	94 398
Ti	TiO_2	0,6005	77 852
U	$Na_2U_2O_7$	0,7511	87 568
	UO_2	0,8817	94 532
	U_3O_8	0,8482	92 852
W	WO_3	0,7931	89 933
Y	Y_2O_3	0,7876	89 631
Zn	ZnO	0,8034	90 492
	$ZnNH_4PO_4$	0,3663	56 386
	$Zn_2P_2O_7$	0,4289	63 237
	ZnS	0,6710	82 669
$ZnCO_3$	ZnO	1,5409	18 777
ZnO	$Zn_2P_2O_7$	0,5339	72 745
	ZnS	0,8352	92 177
ZnS	ZnO	1,1974	07 823
	$Zn_2P_2O_7$	0,6393	80 568
	$BaSO_4$	0,4174	62 053
$ZnSO_4 \cdot 7 H_2O$	ZnO	3,5338	54 824
	ZnS	2,9513	47 001
Zr	ZrO_2	0,7390	86 864

Erläuterungen zu Tafel VI siehe Seite 54.

Volumetrische Bestimmung des Stickstoffs und

1 ccm Stickstoff wiegt bei 0° und 760 mm Druck 1,2505 mg. Die Tafel VII

pw	t°	p=670	671	672	673	674
7,5	7	03 133	03 198	03 263	03 328	03 392
8,0	8	02 978	03 043	03 108	03 173	03 237
8,5	9	02 823	02 888	02 953	03 018	03 082
9,1	10	02 669	02 734	02 799	02 864	02 928
9,8	11	02 516	02 581	02 646	02 711	02 775
10,4	12	02 363	02 428	02 493	02 558	02 622
11,1	13	02 211	02 276	02 341	02 406	02 470
11,9	14	02 059	02 124	02 189	02 254	02 318
12,7	15	01 907	01 972	02 037	02 102	02 166
13,5	16	01 756	01 821	01 886	01 951	02 015
14,4	17	01 606	01 671	01 736	01 801	01 865
15,3	18	01 456	01 521	01 586	01 651	01 715
16,3	19	01 307	01 372	01 437	01 502	01 566
17,4	20	01 158	01 223	01 288	01 353	01 417
18,5	21	01 010	01 075	01 140	01 205	01 269
19,6	22	00 862	00 927	00 992	01 057	01 121
20,9	23	00 715	00 780	00 845	00 910	00 974
22,2	24	00 569	00 634	00 699	00 764	00 828

pw	t°	p=680	681	682	683	684
7,5	7	03 777	03 841	03 904	03 968	04 032
8,0	8	03 622	03 686	03 749	03 813	03 877
8,5	9	03 467	03 531	03 594	03 658	03 722
9,1	10	03 313	03 377	03 440	03 504	03 568
9,8	11	03 160	03 224	03 287	03 351	03 415
10,4	12	03 007	03 071	03 134	03 198	03 262
11,1	13	02 855	02 919	02 982	03 046	03 110
11,9	14	02 703	02 767	02 830	02 894	02 958
12,7	15	02 551	02 615	02 678	02 742	02 806
13,5	16	02 400	02 464	02 527	02 591	02 655
14,4	17	02 250	02 314	02 377	02 441	02 505
15,3	18	02 100	02 164	02 227	02 291	02 355
16,3	19	01 951	02 015	02 078	02 142	02 206
17,4	20	01 802	01 866	01 929	01 993	02 057
18,5	21	01 654	01 718	01 781	01 845	01 909
19,6	22	01 506	01 570	01 633	01 697	01 761
20,9	23	01 359	01 423	01 486	01 550	01 614
22,2	24	01 213	01 277	01 340	01 404	01 468

	65
1	6,5
2	13,0
3	19,5
4	26,0
5	32,5
6	39,0
7	45,5
8	52,0
9	58,5

	154
1	15,4
2	30,8
3	46,2
4	61,6
5	77,0
6	92,4
7	107,8
8	123,2
9	138,6

	151
1	15,1
2	30,2
3	45,3
4	60,4
5	75,5
6	90,6
7	105,7
8	120,8
9	135,9

	148
1	14,8
2	29,6
3	44,4
4	59,2
5	74,0
6	88,8
7	103,6
8	118,4
9	133,2

Erläuterungen zu Tafel VII auf Seite 59 und 62.

anderer Gase. — Gas-Reduktions-Tabelle.

gibt die log der Gewichte von 1 ccm Stickstoff bei t⁰ und p mm.

pw	t⁰	p=675	676	677	678	679
7,5	7	03 456	03 521	03 585	03 649	03 713
8,0	8	03 301	03 366	03 430	03 494	03 558
8,5	9	03 146	03 211	03 275	03 339	03 403
9,1	10	02 992	03 057	03 121	03 185	03 249
9,8	11	02 839	02 904	02 968	03 032	03 096
10,4	12	02 686	02 751	02 815	02 879	02 943
11,1	13	02 534	02 599	02 663	02 727	02 791
11,9	14	02 382	02 447	02 511	02 575	02 639
12,7	15	02 230	02 295	02 359	02 423	02 487
13,5	16	02 079	02 144	02 208	02 272	02 336
14,4	17	01 929	01 994	02 058	02 122	02 186
15,3	18	01 779	01 844	01 908	01 972	02 036
16,3	19	01 630	01 695	01 759	01 823	01 887
17,4	20	01 481	01 546	01 610	01 674	01 738
18,5	21	01 333	01 398	01 462	01 526	01 590
19,6	22	01 185	01 250	01 314	01 378	01 442
20,9	23	01 038	01 103	01 167	01 231	01 295
22,2	24	00 892	00 957	01 021	01 085	01 149

pw	t⁰	p=685	686	687	688	689
7,5	7	04 095	04 158	04 222	04 285	04 348
8,0	8	03 940	04 003	04 067	04 130	04 193
8,5	9	03 785	03 848	03 912	03 975	04 038
9,1	10	03 631	03 694	03 758	03 821	03 884
9,8	11	03 478	03 541	03 605	03 668	03 731
10,4	12	03 325	03 388	03 452	03 515	03 578
11,1	13	03 173	03 236	03 300	03 363	03 426
11,9	14	03 021	03 084	03 148	03 211	03 274
12,7	15	02 869	02 932	02 996	03 059	03 122
13,5	16	02 718	02 781	02 845	02 908	02 971
14,4	17	02 568	02 631	02 695	02 758	02 821
15,3	18	02 418	02 481	02 545	02 608	02 671
16,3	19	02 269	02 332	02 396	02 459	02 522
17,4	20	02 120	02 183	02 247	02 310	02 373
18,5	21	01 972	02 035	02 099	02 162	02 225
19,6	22	01 824	01 887	01 951	02 014	02 077
20,9	23	01 677	01 740	01 804	01 867	01 930
22,2	24	01 531	01 594	01 658	01 721	01 784

	64	152	149	146
1	6,4	15,2	14,9	14,6
2	12,8	30,4	29,8	29,2
3	19,2	45,6	44,7	43,8
4	25,6	60,8	59,6	58,4
5	32,0	76,0	74,5	73,0
6	38,4	91,2	89,4	87,6
7	44,8	106,4	104,3	102,2
8	51,2	121,6	119,2	116,8
9	57,6	136,8	134,1	131,4

Erläuterungen zu Tafel VII auf Seite 59 und 62.

Volumetrische Bestimmung des Stickstoffs und

1 ccm Stickstoff wiegt bei 0° und 760 mm Druck 1,2505 mg. Die Tafel VII

pw	t°	p=690	691	692	693	694
7,5	7	04 410	04 473	04 536	04 599	04 661
8,0	8	04 255	04 318	04 381	04 444	04 506
8,5	9	04 100	04 163	04 226	04 289	04 351
9,1	10	03 946	04 009	04 072	04 135	04 197
9,8	11	03 793	03 856	03 919	03 982	04 044
10,4	12	03 640	03 703	03 766	03 829	03 891
11,1	13	03 488	03 551	03 614	03 677	03 739
11,9	14	03 336	03 399	03 462	03 525	03 587
12,7	15	03 184	03 247	03 310	03 373	03 435
13,5	16	03 033	03 096	03 159	03 222	03 284
14,4	17	02 883	02 946	03 009	03 072	03 134
15,3	18	02 733	02 796	02 859	02 922	02 984
16,3	19	02 584	02 647	02 710	02 773	02 835
17,4	20	02 435	02 498	02 561	02 624	02 686
18,5	21	02 287	02 350	02 413	02 476	02 538
19,6	22	02 139	02 202	02 265	02 328	02 390
20,9	23	01 992	02 055	02 118	02 181	02 243
22,2	24	01 846	01 909	01 972	02 035	02 097

pw	t°	p=700	701	702	703	704
7,5	7	05 035	05 097	05 159	05 221	05 283
8,0	8	04 880	04 942	05 004	05 066	05 128
8,5	9	04 725	04 787	04 849	04 911	04 973
9,1	10	04 571	04 633	04 695	04 757	04 819
9,8	11	04 418	04 480	04 542	04 604	04 666
10,4	12	04 265	04 327	04 389	04 451	04 513
11,1	13	04 113	04 175	04 237	04 299	04 361
11,9	14	03 961	04 023	04 085	04 147	04 209
12,7	15	03 809	03 871	03 933	03 995	04 057
13,5	16	03 658	03 720	03 782	03 844	03 906
14,4	17	03 508	03 570	03 632	03 694	03 756
15,3	18	03 358	03 420	03 482	03 544	03 606
16,3	19	03 209	03 271	03 333	03 395	03 457
17,4	20	03 060	03 122	03 184	03 246	03 308
18,5	21	02 912	02 974	03 036	03 098	03 160
19,6	22	02 764	02 826	02 888	02 950	03 012
20,9	23	02 617	02 679	02 741	02 803	02 865
22,2	24	02 471	02 533	02 595	02 657	02 719

	63	154	151	148
1	6,3	15,4	15,1	14,8
2	12,6	30,8	30,2	29,6
3	18,9	46,2	45,3	44,4
4	25,2	61,6	60,4	59,2
5	31,5	77,0	75,5	74,0
6	37,8	92,4	90,6	88,8
7	44,1	107,8	105,7	103,6
8	50,4	123,2	120,8	118,4
9	56,7	138,6	135,9	133,2

Erläuterungen zu Tafel VII auf Seite 59 und 62.

anderer Gase. — Gas-Reduktions-Tabelle.

gibt die log der Gewichte von 1 ccm Stickstoff bei t⁰ und p mm.

pw	t⁰	p=695	696	697	698	699
7,5	7	04 724	04 786	04 849	04 911	04 973
8,0	8	04 569	04 631	04 694	04 756	04 818
8,5	9	04 414	04 476	04 539	04 601	04 663
9,1	10	04 260	04 322	04 385	04 447	04 509
9,8	11	04 107	04 169	04 232	04 294	04 356
10,4	12	03 954	04 016	04 079	04 141	04 203
11,1	13	03 802	03 864	03 927	03 989	04 051
11,9	14	03 650	03 712	03 775	03 837	03 899
12,7	15	03 498	03 560	03 623	03 685	03 747
13,5	16	03 347	03 409	03 472	03 534	03 596
14,4	17	03 197	03 259	03 322	03 384	03 446
15,3	18	03 047	03 109	03 172	03 234	03 296
16,3	19	02 898	02 960	03 023	03 085	03 147
17,4	20	02 749	02 811	02 874	02 936	02 998
18,5	21	02 601	02 663	02 726	02 788	02 850
19,6	22	02 453	02 515	02 578	02 640	02 702
20,9	23	02 306	02 368	02 431	02 493	02 555
22,2	24	02 160	02 222	02 285	02 347	02 409

pw	t⁰	p=705	706	707	708	709
7,5	7	05 344	05 406	05 467	05 529	05 590
8,0	8	05 189	05 251	05 312	05 374	05 435
8,5	9	05 034	05 096	05 157	05 219	05 280
9,1	10	04 880	04 942	05 003	05 065	05 126
9,8	11	04 727	04 789	04 850	04 912	04 973
10,4	12	04 574	04 636	04 697	04 759	04 820
11,1	13	04 422	04 484	04 545	04 607	04 668
11,9	14	04 270	04 332	04 393	04 455	04 516
12,7	15	04 118	04 180	04 241	04 303	04 364
13,5	16	03 967	04 029	04 090	04 152	04 213
14,4	17	03 817	03 879	03 940	04 002	04 063
15,3	18	03 667	03 729	03 790	03 852	03 913
16,3	19	03 518	03 580	03 641	03 703	03 764
17,4	20	03 369	03 431	03 492	03 554	03 615
18,5	21	03 221	03 283	03 344	03 406	03 467
19,6	22	03 073	03 135	03 196	03 258	03 319
20,9	23	02 926	02 988	03 049	03 111	03 172
22,2	24	02 780	02 842	02 903	02 965	03 026

	62	154	151	148
1	6,2	15,4	15,1	14,8
2	12,4	30,8	30,2	29,6
3	18,6	46,2	45,3	44,4
4	24,8	61,6	60,4	59,2
5	31,0	77,0	75,5	74,0
6	37,2	92,4	90,6	88,8
7	43,4	107,8	105,7	103,6
8	49,6	123,2	120,8	118,4
9	55,8	138,6	135,9	133,2

Erläuterungen zu Tafel VII auf Seite 59 und 62.

Volumetrische Bestimmung des Stickstoffs und

1 ccm Stickstoff wiegt bei 0° und 760 mm Druck 1,2505 mg. Die Tafel VII

pw	t°	p = 710	711	712	713	714
7,5	7	05 652	05 713	05 774	05 835	05 896
8,0	8	05 497	05 558	05 619	05 680	05 741
8,5	9	05 343	05 404	05 465	05 526	05 587
9,1	10	05 189	05 250	05 311	05 372	05 433
9,8	11	05 035	05 096	05 157	05 218	05 279
10,4	12	04 882	04 943	05 004	05 065	05 126
11,1	13	04 730	04 791	04 852	04 913	04 974
11,9	14	04 578	04 639	04 700	04 761	04 822
12,7	15	04 427	04 488	04 549	04 610	04 671
13,5	16	04 276	04 337	04 398	04 459	04 520
14,4	17	04 126	04 187	04 248	04 309	04 370
15,3	18	03 976	04 037	04 098	04 159	04 220
16,3	19	03 827	03 888	03 949	04 010	04 071
17,4	20	03 678	03 739	03 800	03 861	03 922
18,5	21	03 530	03 591	03 652	03 713	03 774
19,6	22	03 382	03 443	03 504	03 565	03 626
20,9	23	03 235	03 296	03 357	03 418	03 479
22,2	24	03 088	03 149	03 210	03 271	03 332

pw	t°	p = 720	721	722	723	724
7,5	7	06 259	06 320	06 380	06 440	06 500
8,0	8	06 104	06 165	06 225	06 285	06 345
8,5	9	05 950	06 011	06 071	06 131	06 191
9,1	10	05 796	05 857	05 917	05 977	06 037
9,8	11	05 642	05 703	05 763	05 823	05 883
10,4	12	05 489	05 550	05 610	05 670	05 730
11,1	13	05 337	05 398	05 458	05 518	05 578
11,9	14	05 185	05 246	05 306	05 366	05 426
12,7	15	05 034	05 095	05 155	05 215	05 275
13,5	16	04 883	04 944	05 004	05 064	05 124
14,4	17	04 733	04 794	04 854	04 914	04 974
15,3	18	04 583	04 644	04 704	04 764	04 824
16,3	19	04 434	04 495	04 555	04 615	04 675
17,4	20	04 285	04 346	04 406	04 466	04 526
18,5	21	04 137	04 198	04 258	04 318	04 378
19,6	22	03 989	04 050	04 110	04 170	04 230
20,9	23	03 842	03 903	03 963	04 023	04 083
22,2	24	03 695	03 756	03 816	03 876	03 936

	61
1	6,1
2	12,2
3	18,3
4	24,4
5	30,5
6	36,6
7	42,7
8	48,8
9	54,9

	154
1	15,4
2	30,8
3	46,2
4	61,6
5	77,0
6	92,4
7	107,8
8	123,2
9	138,6

	151
1	15,1
2	30,2
3	45,3
4	60,4
5	75,5
6	90,6
7	105,7
8	120,8
9	135,9

	148
1	14,8
2	29,6
3	44,4
4	59,2
5	74,0
6	88,8
7	103,6
8	118,4
9	133,2

Erläuterungen zu Tafel VII auf Seite 59 und 62.

anderer Gase. — Gas-Reduktions-Tabelle.

gibt die log der Gewichte von 1 ccm Stickstoff bei t⁰ und p mm.

pw	t⁰	p = 715	716	717	718	719
7,5	7	05 957	06 017	06 078	06 138	06 199
8,0	8	05 802	05 862	05 923	05 983	06 044
8,5	9	05 648	05 708	05 769	05 829	05 890
9,1	10	05 494	05 554	05 615	05 675	05 736
9,8	11	05 340	05 400	05 461	05 521	05 582
10,4	12	05 187	05 247	05 308	05 368	05 429
11,1	13	05 035	05 095	05 156	05 216	05 277
11,9	14	04 883	04 943	05 004	05 064	05 125
12,7	15	04 732	04 792	04 853	04 913	04 974
13,5	16	04 581	04 641	04 702	04 762	04 823
14,4	17	04 431	04 491	04 552	04 612	04 673
15,3	18	04 281	04 341	04 402	04 462	04 523
16,3	19	04 132	04 192	04 253	04 313	04 374
17,4	20	03 983	04 043	04 104	04 164	04 225
18,5	21	03 835	03 895	03 956	04 016	04 077
19,6	22	03 687	03 747	03 808	03 868	03 929
20,9	23	03 540	03 600	03 661	03 721	03 782
22,2	24	03 393	03 453	03 514	03 574	03 635

pw	t⁰	p = 725	726	727	728	729
7,5	7	06 560	06 620	06 679	06 739	06 799
8,0	8	06 405	06 465	06 524	06 584	06 644
8,5	9	06 251	06 311	06 370	06 430	06 490
9,1	10	06 097	06 157	06 216	06 276	06 336
9,8	11	05 943	06 003	06 062	06 122	06 182
10,4	12	05 790	05 850	05 909	05 969	06 029
11,1	13	05 638	05 698	05 757	05 817	05 877
11,9	14	05 486	05 546	05 605	05 665	05 725
12,7	15	05 335	05 395	05 454	05 514	05 574
13,5	16	05 184	05 244	05 303	05 363	05 423
14,4	17	05 034	05 094	05 153	05 213	05 273
15,3	18	04 884	04 944	05 003	05 063	05 123
16,3	19	04 735	04 795	04 854	04 914	04 974
17,4	20	04 586	04 646	04 705	04 765	04 825
18,5	21	04 438	04 498	04 557	04 617	04 677
19,6	22	04 290	04 350	04 409	04 469	04 529
20,9	23	04 143	04 203	04 262	04 322	04 382
22,2	24	03 996	04 056	04 115	04 175	04 235

	60	154	151	148
1	6,0	15,4	15,1	14,8
2	12,0	30,8	30,2	29,6
3	18,0	46,2	45,3	44,4
4	24,0	61,6	60,4	59,2
5	30,0	77,0	75,5	74,0
6	36,0	92,4	90,6	88,8
7	42,0	107,8	105,7	103,6
8	48,0	123,2	120,8	118,4
9	54,0	138,6	135,9	133,2

Erläuterungen zu Tafel VII auf Seite 59 und 62.

Volumetrische Bestimmung des Stickstoffs und

1 ccm Stickstoff wiegt bei 0° und 760 mm Druck 1,2505 mg. Die Tafel VII

pw	t°	p = 730	731	732	733	734
7,5	7	06 858	06 918	06 977	07 036	07 096
8,0	8	06 703	06 763	06 822	06 881	06 941
8,5	9	06 549	06 609	06 668	06 727	06 787
9,1	10	06 395	06 455	06 514	06 573	06 633
9,8	11	06 241	06 301	06 360	06 419	06 479
10,4	12	06 088	06 148	06 207	06 266	06 326
11,1	13	05 936	05 996	06 055	06 114	06 174
11,9	14	05 784	05 844	05 903	05 962	06 022
12,7	15	05 633	05 693	05 752	05 811	05 871
13,5	16	05 482	05 542	05 601	05 660	05 720
14,4	17	05 332	05 392	05 451	05 510	05 570
15,3	18	05 182	05 242	05 301	05 360	05 420
16,3	19	05 033	05 093	05 152	05 211	05 271
17,4	20	04 884	04 944	05 003	05 062	05 122
18,5	21	04 736	04 796	04 855	04 914	04 974
19,6	22	04 588	04 648	04 707	04 766	04 826
20,9	23	04 441	04 501	04 560	04 619	04 679
22,2	24	04 294	04 354	04 413	04 472	04 532
pw	t°	p = 740	741	742	743	744
7,5	7	07 449	07 508	07 566	07 625	07 683
8,0	8	07 294	07 353	07 411	07 470	07 528
8,5	9	07 140	07 199	07 257	07 316	07 374
9,1	10	06 986	07 045	07 103	07 162	07 220
9,8	11	06 832	06 891	06 949	07 008	07 066
10,4	12	06 679	06 738	06 796	06 855	06 913
11,1	13	06 527	06 586	06 644	06 703	06 761
11,9	14	06 375	06 434	06 492	06 551	06 609
12,7	15	06 224	06 283	06 341	06 400	06 458
13,5	16	06 073	06 132	06 190	06 249	06 307
14,4	17	05 923	05 982	06 040	06 099	06 157
15,3	18	05 773	05 832	05 890	05 949	06 007
16,3	19	05 624	05 683	05 741	05 800	05 858
17,4	20	05 475	05 534	05 592	05 651	05 709
18,5	21	05 327	05 386	05 444	05 503	05 561
19,6	22	05 179	05 238	05 296	05 355	05 413
20,9	23	05 032	05 091	05 149	05 208	05 266
22,2	24	04 885	04 944	05 002	05 061	05 119

	59
1	5,9
2	11,8
3	17,7
4	23,6
5	29,5
6	35,4
7	41,3
8	47,2
9	53,1

	154
1	15,4
2	30,8
3	46,2
4	61,6
5	77,0
6	92,4
7	107,8
8	123,2
9	138,6

	151
1	15,1
2	30,2
3	45,3
4	60,4
5	75,5
6	90,6
7	105,7
8	120,8
9	135,9

	148
1	14,8
2	29,6
3	44,4
4	59,2
5	74,0
6	88,8
7	103,6
8	118,4
9	133,2

Erläuterungen zu Tafel VII auf Seite 59 und 62

anderer Gase. — Gas-Reduktions-Tabelle.

gibt die log der Gewichte von 1 ccm Stickstoff bei t⁰ und p mm.

pw	t⁰	p = 735	736	737	738	739
7,5	7	07 155	07 214	07 273	07 332	07 390
8,0	8	07 000	07 059	07 118	07 177	07 235
8,5	9	06 846	06 905	06 964	07 023	07 081
9,1	10	06 692	06 751	06 810	06 869	06 927
9,8	11	06 538	06 597	06 656	06 715	06 773
10,4	12	06 385	06 444	06 503	06 562	06 620
11,1	13	06 233	06 292	06 351	06 410	06 468
11,9	14	06 081	06 140	06 199	06 258	06 316
12,7	15	05 930	05 989	06 048	06 107	06 165
13,5	16	05 779	05 838	05 897	05 956	06 014
14,4	17	05 629	05 688	05 747	05 806	05 864
15,3	18	05 479	05 538	05 597	05 656	05 714
16,3	19	05 330	05 389	05 448	05 507	05 565
17,4	20	05 181	05 240	05 299	05 358	05 416
18,5	21	05 033	05 092	05 151	05 210	05 268
19,6	22	04 885	04 944	05 003	05 062	05 120
20,9	23	04 738	04 797	04 856	04 915	04 973
22,2	24	04 591	04 650	04 709	04 768	04 826
pw	t⁰	p = 745	746	747	748	749
7,5	7	07 742	07 800	07 858	07 916	07 974
8,0	8	07 587	07 645	07 703	07 761	07 819
8,5	9	07 433	07 491	07 549	07 607	07 665
9,1	10	07 279	07 337	07 395	07 453	07 511
9,8	11	07 125	07 183	07 241	07 299	07 357
10,4	12	06 972	07 030	07 088	07 146	07 204
11,1	13	06 820	06 878	06 936	06 994	07 052
11,9	14	06 668	06 726	06 784	06 842	06 900
12,7	15	06 517	06 575	06 633	06 691	06 749
13,5	16	06 366	06 424	06 482	06 540	06 598
14,4	17	06 216	06 274	06 332	06 390	06 448
15,3	18	06 066	06 124	06 182	06 240	06 298
16,3	19	05 917	05 975	06 033	06 091	06 149
17,4	20	05 768	05 826	05 884	05 942	06 000
18,5	21	05 620	05 678	05 736	05 794	05 852
19,6	22	05 472	05 530	05 588	05 646	05 704
20,9	23	05 325	05 383	05 441	05 499	05 557
22,2	24	05 178	05 236	05 294	05 352	05 410

	58
1	5,8
2	11,6
3	17,4
4	23,2
5	29,0
6	34,8
7	40,6
8	46,4
9	52,2

	154
1	15,4
2	30,8
3	46,2
4	61,6
5	77,0
6	92,4
7	107,8
8	123,2
9	138,6

	151
1	15,1
2	30,2
3	45,3
4	60,4
5	75,5
6	90,6
7	105,7
8	120,8
9	135,9

	148
1	14,8
2	29,6
3	44,4
4	59,2
5	74,0
6	88,8
7	103,6
8	118,4
9	133,2

Erläuterungen zu Tafel VII auf Seite 59 und 62.

Volumetrische Bestimmung des Stickstoffs und

1 ccm Stickstoff wiegt bei 0° und 760 mm Druck 1,2505 mg. Die Tafel VII

pw	t°	p = 750	751	752	753	754
7,5	7	08 032	08 090	08 148	08 205	08 263
8,0	8	07 877	07 935	07 993	08 050	08 108
8,5	9	07 723	07 781	07 839	07 896	07 954
9,1	10	07 569	07 627	07 685	07 742	07 800
9,8	11	07 415	07 473	07 531	07 588	07 646
10,4	12	07 262	07 320	07 378	07 435	07 493
11,1	13	07 110	07 168	07 226	07 283	07 341
11,9	14	06 958	07 016	07 074	07 131	07 189
12,7	15	06 807	06 865	06 923	06 980	07 038
13,5	16	06 656	06 714	06 772	06 829	06 887
14,4	17	06 506	06 564	06 622	06 679	06 737
15,3	18	06 356	06 414	06 472	06 529	06 587
16,3	19	06 207	06 265	06 323	06 380	06 438
17,4	20	06 058	06 116	06 174	06 231	06 289
18,5	21	05 910	05 968	06 026	06 083	06 141
19,6	22	05 762	05 820	05 878	05 935	05 993
20,9	23	05 615	05 673	05 731	05 788	05 846
22,2	24	05 468	05 526	05 584	05 641	05 699
pw	t°	p = 760	761	762	763	764
7,5	7	08 607	08 664	08 721	08 778	08 835
8,0	8	08 452	08 509	08 566	08 623	08 680
8,5	9	08 298	08 355	08 412	08 469	08 526
9,1	10	08 144	08 201	08 258	08 315	08 372
9,8	11	07 990	08 047	08 104	08 161	08 218
10,4	12	07 837	07 894	07 951	08 008	08 065
11,1	13	07 685	07 742	07 799	07 856	07 913
11,9	14	07 533	07 590	07 647	07 704	07 761
12,7	15	07 382	07 439	07 496	07 553	07 610
13,5	16	07 231	07 288	07 345	07 402	07 459
14,4	17	07 081	07 138	07 195	07 252	07 309
15,3	18	06 931	06 988	07 045	07 102	07 159
16,3	19	06 782	06 839	06 896	06 953	07 010
17,4	20	06 633	06 690	06 747	06 804	06 861
18,5	21	06 485	06 542	06 599	06 656	06 713
19,6	22	06 337	06 394	06 451	06 508	06 565
20,9	23	06 190	06 247	06 304	06 361	06 418
22,2	24	06 043	06 100	06 157	06 214	06 271

	58	154	151	148
1	5,8	15,4	15,1	14,8
2	11,6	30,8	30,2	29,6
3	17,4	46,2	45,3	44,4
4	23,2	61,6	60,4	59,2
5	29,0	77,0	75,5	74,0
6	34,8	92,4	90,6	88,8
7	40,6	107,8	105,7	103,6
8	46,4	123,2	120,8	118,4
9	52,2	138,6	135,9	133,2

Erläuterungen zu Tafel VII auf Seite 59 und 62.

anderer Gase. — Gas-Reduktions-Tabelle.

gibt die log der Gewichte von 1 ccm Stickstoff bei t° und p mm.

pw	t°	p = 755	756	757	758	759
7,5	7	08 321	08 378	08 436	08 493	08 550
8,0	8	08 166	08 223	08 281	08 338	08 395
8,5	9	08 012	08 069	08 127	08 184	08 241
9,1	10	07 858	07 915	07 973	08 030	08 087
9,8	11	07 704	07 761	07 819	07 876	07 933
10,4	12	07 551	07 608	07 666	07 723	07 780
11,1	13	07 399	07 456	07 514	07 571	07 628
11,9	14	07 247	07 304	07 362	07 419	07 476
12,7	15	07 096	07 153	07 211	07 268	07 325
13,5	16	06 945	07 002	07 060	07 117	07 174
14,4	17	06 795	06 852	06 910	06 967	07 024
15,3	18	06 645	06 702	06 760	06 817	06 874
16,3	19	06 496	06 553	06 611	06 668	06 725
17,4	20	06 347	06 404	06 462	06 519	06 576
18,5	21	06 199	06 256	06 314	06 371	06 428
19,6	22	06 051	06 108	06 166	06 223	06 280
20,9	23	05 904	05 961	06 019	06 076	06 133
22,2	24	05 757	05 814	05 872	05 929	05 986

pw	t°	p = 765	766	767	768	769
7,5	7	08 892	08 949	09 006	09 062	09 119
8,0	8	08 737	08 794	08 851	08 907	08 964
8,5	9	08 583	08 640	08 697	08 753	08 810
9,1	10	08 429	08 486	08 543	08 599	08 656
9,8	11	08 275	08 332	08 389	08 445	08 502
10,4	12	08 122	08 179	08 236	08 292	08 349
11,1	13	07 970	08 027	08 084	08 140	08 197
11,9	14	07 818	07 875	07 932	07 988	08 045
12,7	15	07 667	07 724	07 781	07 837	07 894
13,5	16	07 516	07 573	07 630	07 686	07 743
14,4	17	07 366	07 423	07 480	07 536	07 593
15,3	18	07 216	07 273	07 330	07 386	07 443
16,3	19	07 067	07 124	07 181	07 237	07 294
17,4	20	06 918	06 975	07 032	07 088	07 145
18,5	21	06 770	06 827	06 884	06 940	06 997
19,6	22	06 622	06 679	06 736	06 792	06 849
20,9	23	06 475	06 532	06 589	06 645	06 702
22,2	24	06 328	06 385	06 442	06 498	06 555

	57
1	5,7
2	11,4
3	17,1
4	22,8
5	28,5
6	34,2
7	39,9
8	45,6
9	51,3

	154
1	15,4
2	30,8
3	46,2
4	61,6
5	77,0
6	92,4
7	107,8
8	123,2
9	138,6

	151
1	15,1
2	30,2
3	45,3
4	60,4
5	75,5
6	90,6
7	105,7
8	120,8
9	135,9

	148
1	14,8
2	29,6
3	44,4
4	59,2
5	74,0
6	88,8
7	103,6
8	118,4
9	133,2

Erläuterungen zu Tafel VII auf Seite 59 und 62.

Volumetrische Bestimmung des Stickstoffs und

1 ccm Stickstoff wiegt bei 0° und 760 mm Druck 1,2505 mg. Die Tafel VII

pw	t°	p = 770	771	772	773	774
7,5	7	09 175	09 231	09 288	09 344	09 400
8,0	8	09 020	09 076	09 133	09 189	09 245
8,5	9	08 866	08 922	08 979	09 035	09 091
9,1	10	08 712	08 768	08 825	08 881	08 937
9,8	11	08 558	08 614	08 671	08 727	08 783
10,4	12	08 405	08 461	08 518	08 574	08 630
11,1	13	08 253	08 309	08 366	08 422	08 478
11,9	14	08 101	08 157	08 214	08 270	08 326
12,7	15	07 949	08 005	08 062	08 118	08 174
13,5	16	07 798	07 854	07 911	07 967	08 023
14,4	17	07 648	07 704	07 761	07 817	07 873
15,3	18	07 498	07 554	07 611	07 667	07 723
16,3	19	07 349	07 405	07 462	07 518	07 574
17,4	20	07 200	07 256	07 313	07 369	07 425
18,5	21	07 052	07 108	07 165	07 221	07 277
19,6	22	06 904	06 960	07 017	07 073	07 129
20,9	23	06 757	06 813	06 870	06 926	06 982
22,2	24	06 611	06 667	06 724	06 780	06 836
pw	t°	p = 780	781	782	783	784
7,5	7	09 735	09 791	09 847	09 902	09 958
8,0	8	09 580	09 636	09 692	09 747	09 803
8,5	9	09 426	09 482	09 538	09 593	09 649
9,1	10	09 272	09 328	09 384	09 439	09 495
9,8	11	09 118	09 174	09 230	09 285	09 341
10,4	12	08 965	09 021	09 077	09 132	09 188
11,1	13	08 813	08 869	08 925	08 980	09 036
11,9	14	08 661	08 717	08 773	08 828	08 884
12,7	15	08 509	08 565	08 621	08 676	08 732
13,5	16	08 358	08 414	08 470	08 525	08 581
14,4	17	08 208	08 264	08 320	08 375	08 431
15,3	18	08 058	08 114	08 170	08 225	08 281
16,3	19	07 909	07 965	08 021	08 076	08 132
17,4	20	07 760	07 816	07 872	07 927	07 983
18,5	21	07 612	07 668	07 724	07 779	07 835
19,6	22	07 464	07 520	07 576	07 631	07 687
20,9	23	07 317	07 373	07 429	07 484	07 540
22,2	24	07 171	07 227	07 283	07 338	07 394

	56	154	151	148
1	5,6	15,4	15,1	14,8
2	11,2	30,8	30,2	29,6
3	16,8	46,2	45,3	44,4
4	22,4	61,6	60,4	59,2
5	28,0	77,0	75,5	74,0
6	33,6	92,4	90,6	88,8
7	39,2	107,8	105,7	103,6
8	44,8	123,2	120,8	118,4
9	50,4	138,6	135,9	133,2

Erläuterungen zu Tafel VII auf Seite 59 und 62.

anderer Gase. — Gas-Reduktions-Tabelle.

gibt die log der Gewichte von 1 ccm Stickstoff bei t° und p mm.

pw	t°	p=775	776	777	778	779
7,5	7	09 456	09 512	09 568	09 624	09 680
8,0	8	09 301	09 357	09 413	09 469	09 525
8,5	9	09 147	09 203	09 259	09 315	09 371
9,1	10	08 993	09 049	09 105	09 161	09 217
9,8	11	08 839	08 895	08 951	09 007	09 063
10,4	12	08 686	08 742	08 798	08 854	08 910
11,1	13	08 534	08 590	08 646	08 702	08 758
11,9	14	08 382	08 438	08 494	08 550	08 606
12,7	15	08 230	08 286	08 342	08 398	08 454
13,5	16	08 079	08 135	08 191	08 247	08 303
14,4	17	07 929	07 985	08 041	08 097	08 153
15,3	18	07 779	07 835	07 891	07 947	08 003
16,3	19	07 630	07 686	07 742	07 798	07 854
17,4	20	07 481	07 537	07 593	07 649	07 705
18,5	21	07 333	07 389	07 445	07 501	07 557
19,6	22	07 185	07 241	07 297	07 353	07 409
20,9	23	07 038	07 094	07 150	07 206	07 262
22,2	24	06 892	06 948	07 004	07 060	07 116

pw	t°	p=785	786	787	788	789
7,5	7	10 013	10 068	10 123	10 179	10 234
8,0	8	09 858	09 913	09 968	10 024	10 079
8,5	9	09 704	09 759	09 814	09 870	09 925
9,1	10	09 550	09 605	09 660	09 716	09 771
9,8	11	09 396	09 451	09 506	09 562	09 617
10,4	12	09 243	09 298	09 353	09 409	09 464
11,1	13	09 091	09 146	09 201	09 257	09 312
11,9	14	08 939	08 994	09 049	09 105	09 162
12,7	15	08 787	08 842	08 897	08 953	09 008
13,5	16	08 636	08 691	08 746	08 802	08 857
14,4	17	08 486	08 541	08 596	08 652	08 707
15,3	18	08 336	08 391	08 446	08 502	08 557
16,3	19	08 187	08 242	08 297	08 353	08 408
17,4	20	08 038	08 093	08 148	08 204	08 259
18,5	21	07 890	07 945	08 000	08 056	08 111
19,6	22	07 742	07 797	07 852	07 908	07 963
20,9	23	07 595	07 650	07 705	07 761	07 816
22,2	24	07 449	07 504	07 559	07 615	07 670

	56	152	149	146
1	5,6	15,2	14,9	14,6
2	11,2	30,4	29,8	29,2
3	16,8	45,6	44,7	43,8
4	22,4	60,8	59,6	58,4
5	28,0	76,0	74,5	73,0
6	33,6	91,2	89,4	87,6
7	39,2	106,4	104,3	102,2
8	44,8	121,6	119,2	116,8
9	50,4	136,8	134,1	131,4

Erläuterungen zu Tafel VII auf Seite 59 und 62.

Tafel VIII.

Volumetrische Bestimmung wichtiger Gase.

Den log des Gewichtes von a ccm eines der nachstehend aufgeführten Gase, gemessen bei t^0 und p mm Druck, erhält man, wenn man zum log von a addiert den an entsprechender Stelle der Tafel VII entnommenen log und den zu dem fraglichen Gase gehörenden log aus der letzten Spalte der hier folgenden Zusammenstellung. — Ist das Gas feucht gemessen, so ist bei der Ablesung des Druckes die Wasserdampftension in Abzug zu bringen, auch die Barometerablesung zu korrigieren, wie es in den Erläuterungen zu Tafel VII angegeben ist.

Gase	Formel	Gefundenes Litergewicht unter Normalverhältnissen	log	Für die Reduktion mit Hilfe der Tafel VII	log
		g		Faktor	
Acetylen	C_2H_2	1,1707	06 845	0,9362	97 137
Ammoniak	NH_3	0,7719	88 756	0,6173	79 048
Chlor	Cl_2	3,2201	50 788	2,5751	41 080
Chlorwasserstoff	HCl	1,6407	21 504	1,3121	11 796
Kohlendioxyd	CO_2	1,9763	29 586	1,5804	19 878
Kohlenoxyd	CO	1,2501	09 695	0,9997	99 987
Luft	—	1,29273	11 151	1,0338	01 443
Methan	CH_4	0,7208	85 783	0,5764	76 075
Normalgas	$\frac{1}{32}O_2$	0,044656	64 988	0,03571	55 280
Sauerstoff	O_2	1,42900	15 503	1,1427	05 795
Schwefeldioxyd	SO_2	2,9267	46 637	2,3404	36 929
Schwefelwasserstoff	H_2S	1,5374	18 688	1,2296	08 980
Stickstoff	N_2	1,2505	09 708	1,0000	00 000
Stickstoffoxyd	NO	1,3428	12 800	1,0738	03 092
Stickstoffoxydul	N_2O	1,9780	29 623	1,5818	19 915
Wasserstoff	H_2	0,089873	95 363	0,07187	85 655

1 ccm Gas vom Molekulargewicht m wiegt bei dem Drucke p (in cm Quecksilber) und der Temperatur T (in absoluter Zählung)

$$m \cdot 0{,}16033 \frac{p}{T} \text{ Gramm (log 16033 = 20501).}$$

Erläuterungen zu Tafel VIII siehe Seite 63.

Volumetrische Bestimmung gasentwickelnder Stoffe.

Entwickelt ein Stoff durch eine Reaktion a ccm eines Gases, gemessen bei t^0 und p mm Druck, so erhält man den log des Gewichtes g des gasentwickelnden Stoffes, wenn man zum log von a addiert den der entsprechenden Stelle der Tafel VII entnommenen log und den zu dem fraglichen Stoffe gehörenden Umrechnungs-log aus der letzten Spalte der hier folgenden Zusammenstellung. Ist das Gas feucht gemessen, so ist bei der Ablesung des Druckes die Wasserdampftension in Abzug zu bringen, auch kann die Barometerablesung korrigiert werden, wie es in den Erläuterungen zu Tafel VII angegeben ist.

Gemessenes Gas	Gesuchter Stoff	1 ccm Gas (red.) entspricht vom gesuchten Stoff		Umrechnungs-log zu addieren zum log der Tafel VII
		mg	log	
Acetylen	CaC_2	2,883	45 979	36 271
Sauerstoff	H_2O_2	3,038	48 259	38 551
	$KMnO_4$	5,646	75 171	65 463
Stickoxyd	HNO_3	2,820	45 021	35 313
	KNO_3	4,524	65 552	55 844
	N_2	0,627	79 717	70 009
	N_2O_5	2,417	38 320	28 612
	NO_3	2,775	44 319	34 611
	$NaNO_3$	3,804	58 020	48 312
Wasserstoff	Fe	2,489	39 609	29 901
	Zn	2,914	46 452	36 744

Erläuterungen zu Tafel IX siehe Seite 65.

Tafel X

Berechnung „indirekter“ Analysen.

Bestandteile des Gemisches g: x	y	gewogene Umsetzungsprodukte g'	Prozentgehalt des Gemisches an dem Bestandteile y = a + b . (g' : g): a	b	log b
KCl	NaCl	AgCl	− 363,09	+ 188,87	27 616
		K_2SO_4; Na_2SO_4	− 2518,9	+ 2155,5	33 355
KCl	KBr	KCl	+ 267,71	− 267,71	42 766
		K_2SO_4	+ 267,71	− 229,09	36 000
		AgCl; AgBr	+ 557,94	− 290,22	46 273
		AgCl	+ 267,71	− 139,25	14 380
KCl	KJ	KCl	+ 181,53	− 181,53	25 894
		K_2SO_4	+ 181,53	− 155,34	19 128
		AgCl; AgJ	+ 378,31	− 196,78	29 399
		AgCl	+ 181,53	− 94,42	97 508
KBr	KJ	KCl	+ 353,23	− 563,86	75 117
		K_2SO_4	+ 353,23	− 482,51	68 351
		AgBr; AgJ	+ 964,50	− 611,26	78 622
		AgCl	+ 353,23	− 293,30	46 731
K_2SO_4	Na_2SO_4	$BaSO_4$	− 441,11	+ 329,30	51 759
$CaCO_3$	$SrCO_3$	CO_2	+ 310,39	− 705,93	84 876
		$CaSO_4$; $SrSO_4$	+ 1172,6	− 862,08	93 555
AgCl	AgBr	AgCl	+ 422,39	− 422,39	62 571
		Ag	+ 422,39	− 561,23	74 914
AgCl	AgJ	AgCl	+ 256,72	− 256,72	40 946
		Ag	+ 256,72	− 341,11	53 289
AgBr	AgJ	AgCl	+ 499,58	− 654,53	81 593
		Ag	+ 499,58	− 869,68	93 936

Halogenbestimmungen in Verbindungen oder Gemischen mit verschiedenen Halogenen.

1) Chlor und Brom.

Wenn g Gramm Substanz h Gramm Halogensilbergemisch lieferten, und dieses durch Behandeln mit Chlor in c Gramm Chlorsilber überging, so enthielt die Substanz an

$$\text{Brom}^{1} = \frac{Br}{Br-Cl} \cdot (h - c) = 1{,}7976 \cdot (h - c) \text{ Gramm.}$$

$$\text{Silber} = \frac{Ag}{AgCl} \cdot c = 0{,}75262 \cdot c \text{ Gramm.}$$

[1] Br bedeutet das Atomgewicht des Broms, (Br—Cl) die Differenz beider Atomgewichte usw.

Erläuterungen zu Tafel X siehe Seite 67.

Tafel X

Berechnung „indirekter" Analysen.

$$\text{Chlor} = h - \frac{Ag}{AgCl} \cdot c - \frac{Br}{Br - Cl} \cdot (h - c)$$

$$= h - 0{,}75262 \cdot c - 1{,}7976 \cdot (h - c)$$

$$= 1{,}0450 \cdot c - 0{,}7976\ h \text{ Gramm.}$$

$$\text{Prozente Brom} = 179{,}76 \cdot \frac{h - c}{g} \qquad \log 179{,}76 = 25469$$

$$\text{Prozente Chlor} = \frac{100}{g} (1{,}0450\ c - 0{,}7976\ h)$$

$$\log 1{,}0450 = 01912 \qquad \log = 0{,}7976 = 90179$$

2) Chlor und Jod.

Man erhält ganz analog

$$\text{Prozente Jod} = 138{,}77 \frac{h - c}{g} \qquad \log 138{,}77 = 14230$$

$$\text{Prozente Chlor} = \frac{100}{g} (0{,}6351\ c - 0{,}3877\ h)$$

$$\log 0{,}6351 = 80284 \qquad \log 0{,}3877 = 58850$$

3) Zwei Halogene in organischen Körpern.

Ist M das Molekulargewicht einer organischen Substanz, welche β Atome Cl enthält und beim Bromieren α Atome Brom (durch Addition oder Substitution) aufnimmt, so ist, wenn S Gramme der Substanz H Gramme Halogensilber geben, die gesuchte Zahl[1]

$$\alpha = \frac{M . H - 143{,}5\ \beta . S}{188\ S - 80\ H}.$$

Analog für

$$\text{jodiertes Chlorid} \quad \alpha = \frac{M . H - 143{,}5\ \beta . S}{235\ S - 127\ H}$$

$$\text{chloriertes Bromid} \quad \alpha = \frac{M . H - 188\ \beta . S}{143{,}5\ S - 35{,}5\ H}$$

$$\text{jodiertes Bromid} \quad \alpha = \frac{M . H - 188\ \beta . S}{235\ S - 127\ H}$$

$$\text{chloriertes Jodid} \quad \alpha = \frac{M . H - 235\ \beta . S}{143{,}5\ S - 35{,}5\ H}$$

$$\text{bromiertes Jodid} \quad \alpha = \frac{M . H - 235\ \beta . S}{188\ S - 80\ H}.$$

[1] Nach Mitteilung des Herrn Dr. A. Klages.

Erläuterungen zu Tafel X siehe Seite 67.

Tafel XI

Molekulargewichtsbestimmung.

I. Durch Luftverdrängung (Victor Meyer).

$$M = \frac{28{,}02}{ccm} \cdot \frac{G}{g\,\text{VII}}; \quad \log M = 44747 + \log G + (1 - \log ccm) + (1 - \log g\,\text{VII}).$$

M = gesuchtes Molekulargewicht; ccm = abgelesenes Luftvolum in ccm; G = angewandte Gramme Substanz; g VII = g Werte der Tafel VII, also (1 − log g VII) die dekadischen Ergänzungen der log der Tafel VII.

II. Durch Gefrierpunktserniedrigung oder Siedepunktserhöhung.

$$M = K \cdot \frac{G}{L} \cdot \frac{1}{\Delta}; \quad \log M = \log K + \log G + (1 - \log L) + (1 - \log \Delta).$$

M = gesuchtes Molekulargewicht; K = Konstante des Lösungsmittels; G = Gramme gelöster Substanz; L = Gramme Lösungsmittel; Δ = Gefrierpunktserniedrigung resp. Siedepunktserhöhung in Graden.

Für Gefrierpunktserniedrigung

Lösungsmittel	Gefrierp.	K	log K
Äthylenbromid	+ 10,2	11 800	07 188
Ameisensäure	+ 8,5	2770	44 248
Benzol	+ 5,5	5 100	70 757
Bromoform	+ 8	14 400	15 836
Eisessig	+ 17,7	3 900	59 106
Naphthalin	+ 80	6 900	83 885
Nitrobenzol	+ 5,3	7070	84 942
Phenantren	+ 97	12 000	07 918
Phenol	+ 39	7 200	85 733
Phosphoroxychlorid	− 1,8	6 900	83 885
Wasser	− 0,0	1 850	26 717
Zinnbromid	+ 30	28 000	44 716

Für Siedepunktserhöhung

Lösungsmittel	Siedep.	K	log K
Aceton	56,5	1800	25 527
Äther	35	2110	32 428
Alkohol	78,3	1150	06 070
Anilin	183	3200	50 515
Benzol	80,5	2600	41 497
Chloroform	61	3600	55 630
Eisessig	118	2530	40 312
Methylalkohol	66	930	96 848
Schwefelkohlenstoff	47	2350	37 107
Wasser	100	520	71 600

Einige Konstanten.

$\pi = 3{,}14159\ldots \log \pi = 49\,715$; $e = 2{,}71828\ldots \log e = 43\,429$; log 43 429 = 63 778; log nat 10 = 2,302585; log 2,302585 = 36 222.

Werte für die Gaskonstante R: | **Konstante R:F**

Maaßsystem	Erg / Celsiusgrade	Literatmosphären / Celsiusgrade	calor. / Celsiusgrade	Volt / Celsiusgrade
Wert	$8{,}3155 \cdot 10^7$	0,082068	1,9851	$8{,}6134 \cdot 10^{-5}$
log	91 989	91 417	29 778	93 517

Erläuterungen zu Tafel XI siehe Seite 71.

Tafel XII
Volumbestimmung durch Auswiegen.

Ein Glasgefäß fasse bei t⁰ w Gramm Wasser resp. q Gramm Quecksilber. Das Volum des Glasgefäßes ist dann bei 18⁰

$V_{18} = w \cdot W$, resp. $V_{18} = q \cdot Q$.

t	W	log W	Q	log Q
0	1,00 164	000 7117	0,073 583	866 7775
1	156	6770	595	8483
2	149	6466	606	9132
3	144	6249	618	9840
4	141	6119	629	867 0489
5	1,00 139	000 6033	0,073 641	867 1197
6	139	6033	652	1845
7	140	6076	664	2553
8	143	6206	675	3201
9	147	6380	687	3909
10	1,00 153	000 6640	0,073 698	867 4557
11	160	6943	710	5264
12	168	7290	721	5912
13	178	7724	733	6619
14	189	8201	744	7267
15	1,00 201	000 8720	0,073 756	867 7974
16	214	9284	767	8621
17	229	9934	779	9328
18	244	001 0584	790	9975
19	261	1320	802	868 0681
20	1,00 278	001 2056	0,073 813	868 1329
21	297	2879	825	2035
22	317	3745	836	2682
23	338	4654	848	3387
24	360	5607	860	4093
25	1,00 383	001 6602	0,073 871	868 4740
26	406	7597	882	5386
27	431	8678	894	6092
28	457	9802	905	6738
29	484	002 0969	917	7443

Ist das Volum eines Glasgefäßes bei 18⁰ gleich V_{18}, so ist bei t⁰ das Volum $V_t = V_{18}\left(1 + \frac{t - 18}{40\,000}\right)$

Dichten des Quecksilbers s. S. 107.

Erläuterungen zu Tafel XII siehe Seite 71.

Tafel XIII.

Löslichkeit wichtiger Stoffe bei 15°.

Stoffe	Formel	%	anh.	m.-n.	V.-G.
Ammonkarbon. (käufl.)	$NH_4HCO_3 \cdot NH_4CO_2NH_2$	20		1,36	1,07
Ammoniumchlorid . .	NH_4Cl	26,0		5,22	1,073
Ammoniumeisenalaun.	$NH_4Fe(SO_4)_2 \cdot 12H_2O$ . .	42,94	23,66	1,083	1,217
Ammoniumferrosulfat.	$(NH_4)_2Fe(SO_4)_2 \cdot 6H_2O$ . .	27,23	19,72	0,811	1,168
Ammoniumoxalat . . .	$(NH_4)_2C_2O_4 \cdot H_2O$	4,22	3,69	0,302	1,017
Ammoniumsulfat . . .	$(NH_4)_2SO_4$	42,6		4,01	1,244
Bariumchlorid	$BaCl_2 \cdot 2H_2O$	31,0	25,6	1,57	1,277
Bariumhydroxyd . . .	$Ba(OH)_2 \cdot 8H_2O$.	5,41	2,94	0,177	1,030
Bleinitrat	$Pb(NO_3)_2$	32,5		1,35	1,373
Calciumchlorid	$CaCl_2 \cdot 6H_2O$	80,9	41,0	5,22	1,413
Eisenchlorid	$FeCl_3 \cdot 6H_2O$	77,3	46,4	4,31	1,508
Eisenchlorür	$FeCl_2 \cdot 4H_2O$	63,1	40,2	4,66	1,47
Eisenvitriol	$FeSO_4 \cdot 7H_2O$	35,42	19,36	1,539	1,208
Ferrocyankalium . . .	$K_4Fe(CN)_6 \cdot 3H_2O$	20,6	18,0	0,558	1,141
Kaliumbichromat . . .	$K_2Cr_2O_7$	8,34		0,301	1,062
Kaliumbromid	KBr	38,9		4,42	1,351
Kaliumchlorat	$KClO_3$	5,79		0,490	1,037
Kaliumchlorid	KCl	24,4		3,82	1,167
Kaliumchromat	K_2CrO_4	38,2		2,71	1,380
Kaliumjodid	KJ	58,4		6,00	1,705
Kaliumpermanganat. .	$KMnO_4$	4,95		0,325	1,036
Kaliumsulfat	K_2SO_4	9,25		0,571	1,076
Kupfersulfat	$CuSO_4 \cdot 5H_2O$.	25,34	16,20	1,203	1,185
Magnesiumsulfat . . .	$MgSO_4 \cdot 7H_2O$	51,0	24,9	2,65	1,281
Mangansulfat	$MnSO_4 \cdot 5H_2O$	61,9	37,9	3,68	1,465
Natriumacetat	$NaC_2H_3O_2 \cdot 3H_2O$	50,3	30,3	4,28	1,158
Natriumcarbonat . . .	$Na_2CO_3 \cdot 10H_2O$	37,8	14,0	1,52	1,148
Natriumchlorid	$NaCl$	26,35		5,422	1,203
Natriumphosphat, sec..	$Na_2HPO_4 \cdot 12H_2O$	15,0	5,95	0,444	1,060
Natriumsulfat	$Na_2SO_4 \cdot 10H_2O$	26,54	11,70	0,913	1,108
Natriumtetraborat . . .	$Na_2B_4O_7 \cdot 10H_2O$	3,8	2,0	0,10	1,020
Natriumthiosulfat . . .	$Na_2S_2O_3 \cdot 5H_2O$.	62,0	39,5	3,44	1,377
Oxalsäure	$H_2C_2O_4 \cdot 2H_2O$	10,8	7,7	0,89	1,038
Quecksilberchlorid . .	$HgCl_2$.	6,54		0,254	1,056
Silbernitrat	$AgNO_3$	64,9		7,83	2,05
Zinksulfat	$ZnSO_4 \cdot 7H_2O$	60,03	33,70	3,01	1,44
Zinnchlorür	$SnCl_2 \cdot 2H_2O$	86,9	73,0	8,03	2,09

Unter anh. steht der Prozentgehalt der gesättigten Lösung an wasserfreiem Stoffe.

Erläuterungen zu Tafel XIII siehe Seite 72.

Tafel XIV

Volumgewicht und Normalität von Lösungen. Herstellung von Normallösungen.

V.-G. bei $\frac{15^0}{4^0}$	Normalität der Lösungen						V.-G. bei $\frac{15^0}{4^0}$	Normal. NH_3
	H_2SO_4	HCl	HNO_3	KOH	NaOH	Na_2CO_3		
1,010	0,324	0,593	0,305	0,213	0,239	0,198	0,995	0,666
1,020	0,634	1,155	0,599	0,413	0,464	0,383	0,990	1,224
1,030	0,951	1,737	0,899	0,616	0,700	0,571	0,985	1,934
1,040	1,264	2,328	1,197	0,822	0,939	0,762	0,980	2,637
1,050	1,578	2,929	1,497	1,032	1,182	0,956	0,975	3,343
1,060	1,896	3,544	1,796	1,246	1,431	1,153	0,970	4,043
1,070	2,223	4,158	2,092	1,462	1,684	1,353	0,965	4,740
1,080	2,555	4,784	2,389	1,682	1,942	1,556	0,960	5,453
1,090	2,887	5,414	2,685	1,903	2,205	1,762	0,955	6,208
1,100	3,219	6,037	2,985	2,128	2,472	1,971	0,950	6,966
1,110	3,556	6,673	3,287	2,356	2,744	2,183	0,945	7,722
1,120	3,885	7,317	3,594	2,586	3,021	2,408	0,940	8,480
1,130	4,219	7,981	3,902	2,819	3,302	2,626	0,935	9,251
1,140	4,559	8,648	4,215	3,046	3,588	2,847	0,930	10,03
1,150	4,903	9,327	4,531	3,292	3,878	3,071	0,925	10,81
1,160	5,249	10,03	4,850	3,532	4,173		0,920	11,59
1,170	5,600	10,74	5,174	3,778	4,472		0,915	12,39
1,180	5,958	11,45	5,499	4,023	4,776		0,910	13,19
1,190	6,319	12,15	5,828	4,272	5,084		0,905	13,99
1,200	6,685	12,87	6,159	4,523	5,397		0,900	14,80
1,210	7,052		6,490	4,776	5,714		0,895	15,61
1,220	7,424		6,827	5,030	6,039		0,890	16,42
1,230	7,803		7,175	5,288	6,365		0,885	17,30
1,240	8,162		7,531	5,550	6,693		0,880	18,26
1,250	8,521		7,894	5,811	7,032			
1,260	8,882		8,261	6,075	7,375			
1,270	9,248		8,635	6,341	7,722			
1,280	9,623		9,016	6,609	8,078			
1,290	10,00		9,401	6,882	8,432			
1,300	10,39		9,792	7,153	8,795			
1,310	10,78		10,20	7,423	9,166			
1,320	11,17		10,62	7,704	9,542			
1,330	11,57		11,05	7,981	9,921			
1,340	11,95		11,49	8,264	10,309			
1,350	12,34		11,95	8,547	10,704			

Erläuterungen zu Tafel XIV siehe Seite 72.

Wheatstonesche Brücke. Logarithmen de

Die Kennziffer ist − 3 für a von 001 bis 009; − 2 für a von 010 bis 090; − 1 für a von 091 bis 499.

a	0	1	2	3	4	5	6	7	8	9
00	—	00 043	30 190	47 842	60 380	70 115	78 076	84 815	90 658	95 817
01	00 436	04 619	08 442	11 962	15 225	18 265	21 112	23 790	26 316	28 708
02	30 980	33 144	35 208	37 184	39 076	40 894	42 641	44 325	45 949	47 518
03	49 035	50 504	51 927	53 308	54 650	55 954	57 222	58 457	59 660	60 834
04	61 979	63 096	64 188	65 256	66 299	67 321	68 321	69 301	70 260	71 202
05	72 125	73 030	73 919	74 793	75 650	76 493	77 322	78 136	78 938	79 726
06	80 502	81 266	82 019	82 760	83 490	84 210	84 919	85 619	86 309	86 990
07	87 662	88 324	88 978	89 624	90 262	90 892	91 514	92 129	92 736	93 337
08	93 930	94 517	95 097	95 671	96 238	96 800	97 355	97 905	98 449	98 987
09	99 520	00 048	00 570	01 087	01 600	02 107	02 610	03 108	03 602	04 092
10	04 576	05 056	05 532	06 005	06 472	06 937	07 397	07 853	08 306	08 755
11	09 200	09 642	10 081	10 516	10 947	11 376	11 801	12 223	12 641	13 057
12	13 470	13 880	14 287	14 691	15 092	15 490	15 886	16 279	16 669	17 057
13	17 442	17 825	18 205	18 583	18 958	19 331	19 703	20 071	20 437	20 801
14	21 163	21 523	21 880	22 236	22 589	22 940	23 289	23 637	23 982	24 326
15	24 667	25 007	25 344	25 681	26 015	26 347	26 678	27 007	27 335	27 660
16	27 984	28 307	28 628	28 946	29 263	29 579	29 894	30 207	30 519	30 829
17	31 137	31 445	31 750	32 054	32 357	32 659	32 958	33 257	33 555	33 851
18	34 146	34 440	34 732	35 023	35 313	35 601	35 889	36 175	36 460	36 744
19	37 026	37 308	37 589	37 869	38 146	38 423	38 700	38 975	39 250	39 522
20	39 794	40 065	40 335	40 604	40 872	41 138	41 405	41 670	41 933	42 197
21	42 459	42 720	42 981	43 241	43 499	43 757	44 013	44 270	44 525	44 779
22	45 033	45 285	45 537	45 788	46 039	46 288	46 537	46 785	47 031	47 279
23	47 524	47 768	48 013	48 256	48 499	48 741	48 982	49 223	49 463	49 702
24	49 940	50 178	50 415	50 651	50 887	51 122	51 357	51 591	51 823	52 056
25	52 288	52 519	52 750	52 980	53 209	53 438	53 667	53 894	54 122	54 348
26	54 574	54 800	55 024	55 249	55 472	55 696	55 918	56 141	56 362	56 583
27	56 804	57 024	57 244	57 463	57 681	57 899	58 117	58 334	58 550	58 766
28	58 983	59 198	59 413	59 627	59 841	60 053	60 267	60 479	60 691	60 903
29	61 114	61 324	61 535	61 745	61 955	62 163	62 372	62 580	62 788	62 995
30	63 202	63 409	63 615	63 821	64 026	64 232	64 436	64 641	64 844	65 048
31	65 251	65 454	65 656	65 858	66 061	66 262	66 463	66 664	66 865	67 064
32	67 264	67 464	67 663	67 861	68 060	68 258	68 456	68 653	68 850	69 048
33	69 244	69 440	69 636	69 831	70 028	70 222	70 417	70 612	70 806	71 000
34	71 194	71 386	71 580	71 772	71 966	72 158	72 350	72 542	72 733	72 925
35	73 116	73 307	73 496	73 687	73 877	74 067	74 256	74 446	74 634	74 823
36	75 012	75 201	75 389	75 577	75 764	75 952	76 139	76 327	76 513	76 700
37	76 886	77 072	77 258	77 444	77 630	77 815	78 001	78 185	78 370	78 555
38	78 739	78 923	79 107	79 291	79 475	79 658	79 842	80 025	80 208	80 391
39	80 573	80 756	80 939	81 120	81 303	81 484	81 666	81 847	82 028	82 210
40	82 391	82 571	82 753	82 934	83 113	83 294	83 474	83 654	83 834	84 013
41	84 193	84 372	84 552	84 731	84 910	85 089	85 268	85 447	85 626	85 803
42	85 982	86 160	86 338	86 516	86 695	86 872	87 050	87 228	87 404	87 582
43	87 760	87 937	88 113	88 291	88 467	88 644	88 821	88 997	89 173	89 350
44	89 526	89 703	89 879	90 054	90 231	90 407	90 582	90 758	90 934	91 110
45	91 285	91 461	91 636	91 811	91 987	92 161	92 336	92 512	92 687	92 861
46	93 037	93 211	93 386	93 561	93 736	93 910	94 085	94 259	94 434	94 608
47	94 782	94 956	95 131	95 305	95 479	95 653	95 828	96 002	96 176	96 350
48	96 524	96 698	96 872	97 046	97 220	97 393	97 568	97 741	97 915	98 089
49	98 263	98 436	98 611	98 784	98 958	99 132	99 305	99 479	99 653	99 826
a	0	1	2	3	4	5	6	7	8	9

Erläuterungen zu Tafel XV siehe Seite 73.

Werte von a:(1000 – a) für a von 1 bis 999.

a	0	1	2	3	4	5	6	7	8	9
50	00 000	00 174	00 347	00 521	00 695	00 868	01 042	01 216	01 389	01 564
51	01 737	01 911	02 085	02 259	02 432	02 607	02 780	02 954	03 128	03 302
52	03 476	03 650	03 824	03 998	04 172	04 347	04 521	04 695	04 869	05 044
53	05 218	05 392	05 566	05 741	05 915	06 090	06 264	06 439	06 614	06 789
54	06 963	07 139	07 313	07 488	07 664	07 839	08 013	08 189	08 364	08 539
55	08 715	08 890	09 066	09 242	09 418	09 593	09 769	09 946	10 121	10 297
56	10 474	10 650	10 827	11 003	11 179	11 356	11 533	11 709	11 887	12 063
57	12 240	12 418	12 596	12 772	12 950	13 128	13 305	13 484	13 662	13 840
58	14 018	14 197	14 374	14 553	14 732	14 911	15 090	15 269	15 448	15 628
59	15 807	15 987	16 166	16 346	16 526	16 706	16 887	17 066	17 247	17 429
60	17 609	17 790	17 972	18 153	18 334	18 516	18 697	18 880	19 061	19 244
61	19 427	19 609	19 792	19 975	20 158	20 342	20 525	20 709	20 893	21 077
62	21 261	21 445	21 630	21 815	21 999	22 185	22 370	22 556	22 742	22 928
63	23 114	23 300	23 487	23 673	23 861	24 048	24 236	24 423	24 611	24 799
64	24 988	25 177	25 366	25 554	25 744	25 933	26 123	26 313	26 504	26 693
65	26 884	27 075	27 267	27 458	27 650	27 842	28 034	28 228	28 420	28 614
66	28 806	29 000	29 194	29 388	29 583	29 778	29 972	30 169	30 364	30 560
67	30 756	30 952	31 150	31 347	31 544	31 742	31 940	32 139	32 337	32 536
68	32 736	32 936	33 135	33 336	33 537	33 738	33 939	34 142	34 344	34 546
69	34 749	34 952	35 156	35 359	35 564	35 768	35 974	36 179	36 385	36 591
70	36 798	37 005	37 212	37 420	37 628	37 837	38 045	38 255	38 465	38 676
71	38 886	39 097	39 309	39 521	39 733	39 947	40 159	40 373	40 587	40 802
72	41 017	41 234	41 450	41 666	41 883	42 101	42 319	42 537	42 756	42 976
73	43 196	43 417	43 638	43 859	44 082	44 304	44 528	44 751	44 976	45 200
74	45 426	45 652	45 878	46 106	46 333	46 562	46 791	47 020	47 250	47 481
75	47 712	47 944	48 177	48 409	48 643	48 878	49 113	49 349	49 585	49 822
76	50 060	50 298	50 537	50 777	51 018	51 259	51 501	51 744	51 987	52 232
77	52 476	52 721	52 969	53 215	53 463	53 712	53 961	54 212	54 463	54 715
78	54 967	55 221	55 475	55 730	55 987	56 243	56 501	56 759	57 019	57 280
79	57 541	57 803	58 067	58 330	58 595	58 862	59 128	59 396	59 665	59 935
80	60 206	60 478	60 750	61 025	61 300	61 577	61 854	62 131	62 411	62 692
81	62 974	63 256	63 540	63 825	64 111	64 399	64 687	64 977	65 268	65 560
82	65 854	66 149	66 445	66 743	67 042	67 341	67 643	67 946	68 250	68 555
83	68 863	69 171	69 481	69 793	70 106	70 421	70 737	71 054	71 372	71 693
84	72 016	72 340	72 667	72 993	73 322	73 653	73 985	74 319	74 656	74 993
85	75 333	75 674	76 018	76 363	76 711	77 060	77 411	77 764	78 120	78 477
86	78 837	79 199	79 563	79 929	80 297	80 669	81 042	81 417	81 795	82 175
87	82 558	82 943	83 331	83 721	84 114	84 510	84 908	85 309	85 713	86 120
88	86 530	86 943	87 359	87 777	88 199	88 624	89 053	89 484	89 919	90 358
89	90 800	91 245	91 694	92 147	92 603	93 063	93 528	93 995	94 468	94 944
90	95 424	95 908	96 398	96 892	97 390	97 893	98 400	98 913	99 430	99 952
91	00 480	01 013	01 551	02 095	02 645	03 200	03 762	04 329	04 903	05 483
92	06 070	06 663	07 264	07 871	08 486	09 108	09 738	10 376	11 022	11 676
93	12 338	13 010	13 691	14 381	15 081	15 790	16 510	17 240	17 981	18 734
94	19 498	20 274	21 062	21 864	22 678	23 507	24 350	25 207	26 081	26 970
95	27 875	28 798	29 740	30 699	31 679	32 679	33 701	34 744	35 812	36 904
96	38 021	39 166	40 340	41 543	42 778	44 046	45 350	46 692	48 073	49 496
97	50 965	52 482	54 051	55 675	57 359	59 106	60 924	62 816	64 792	66 856
98	69 020	71 292	73 684	76 210	78 888	81 735	84 275	88 038	91 558	95 381
99	99 564	04 183	09 342	15 185	21 924	29 885	39 620	52 158	69 810	99 957
a	0	1	2	3	4	5	6	7	8	9

Die Kennziffer ist 0 für a von 500 bis 909; + 1 für a von 910 bis 990; + 2 für a von 991 bis 999.

Erläuterungen zu Tafel XV siehe Seite 73.

Tafel XVI

Elektrochemische Konstanten.

1 Coulomb (oder Amp.-Sec.) = 1,118 mg Silber.
1 F (Faraday) = 107,88 : 0,001 118 = 96 500 (log = 98453) Coulombs.

Elektrochemische Äquivalente.

Ein Strom von 1 Ampère scheidet ab oder zersetzt:

	Stoff		Formel	in 1 Sekunde		in 1 Minute	
	mg-Äquivalente		—	0,010363	01 547	0,62176	79 362
	Silber	mg	$Ag^{\cdot}$	1,118	04 844	67,08	82 659
	Kupfer	mg	$Cu^{\cdot\cdot}$	0,3294	51 769	19,76	29 584
	Wasser	mg	H_2O	0,09335	97 010	5,601	74 825
red. auf 0° und 76 cm	Knallgas	ccm	$O_2 + 2H_2$	0,1742	24 105	10,455	01 933
red. auf 0° und 76 cm	Sauerstoff	ccm	O_2	0,05801	76 353	3,481	54 168
red. auf 0° und 76 cm	Wasserstoff	ccm	H_2	0,1162	06 530	6,974	84 345
				in 1 Stunde		in 1 Tag	
	g-Äquivalente		—	0,037305	57 177	0,89532	95 198
	Silber	g	$Ag^{\cdot}$	4,025	60 474	96,59	98 495
	Kupfer	g	$Cu^{\cdot\cdot}$	1,186	07 399	28,46	45 420
	Wasser	g	H_2O	0,3360	52 640	8,065	90 661
red. auf 0° und 76 cm	Knallgas	Liter	$O_2 + 2H_2$	0,6272	79 741	15,054	17 765
red. auf 0° und 76 cm	Sauerstoff	Liter	O_2	0,2088	31 983	5,012	70 004
red. auf 0° und 76 cm	Wasserstoff	Liter	H_2	0,4184	62 160	10,042	00 181

Spannung des „Internationalen Weston-Elementes" (Cadmium-Normalelementes mit Bodenkörper)
$= 1{,}0183 - 0{,}0000406\,(t - 20^0) - 0{,}00000095\,(t - 20^0)^2 + 0{,}00000001\,(t - 20^0)^3$ Volt. ($t = 0^0$ bis 40^0).

Spannung des Weston-Elementes (ohne Bodenkörper) praktisch konstant = 1,0190 Volt (zwischen 10^0 und 30^0).

Spannung des Clark-Elementes
$= 1{,}4328 - 0{,}00119\,(t - 15^0) - 0{,}000007\,(t - 15^0)^2$ Volt.

Spannung des Internationalen Weston-Elementes

t	Volt	t	Volt	t	Volt	t	Volt
11—14	1,0185	18—20	1,0183	23—24	1,0181	27—28	1,0179
15—17	1,0184	21—22	1,0182	25—26	1,0180	29—30	1,0178

Potential der (Hg-)Normalelektrode ist − 0,560 Volt (KCl = normal).
Potential der (Hg-)$\frac{1}{10}$-Normalelektrode ist − 0,613 Volt (KCl = $\frac{1}{10}$-normal).
Potential der Normal-Wasserstoffelektrode ist − 0,277 Volt (H_2SO_4 = 2-normal).

Erläuterungen
zu den vorstehenden Tafeln.

Tafel I
Atomgewichte der Elemente.

Die Tafel enthält die Atomgewichte der mit genügender Sicherheit bekannt gewordenen Elemente.

Wie ersichtlich, sind diese Atomgewichte bald mit einer, bald mit mehreren Decimalstellen wiedergegeben. Es ist dieser Wechsel jedoch kein willkürlicher, es entspricht vielmehr die Anzahl der aufgenommenen Decimalstellen der Sicherheit, mit welcher die Atomgewichte der einzelnen Elemente als bekannt gelten dürfen. Die aus den fraglichen Bestimmungen sich berechnenden Zahlen sind nämlich mit soviel Decimalstellen angeführt, daß die vorletzte noch als sicher, die letzte jedoch schon als unsicher angesehen werden muß.

Es ist also z. B. keineswegs gleichgültig, ob wir das Atomgewicht des Natriums 23,0 oder 23,00 oder 23,000 schreiben; nur die Zahl 23,00 entspricht dem wirklichen Stande unseres Wissens.

Tafel II
Die ein- bis sechsfachen Atomgewichte der wichtigsten Elemente nebst Logarithmen.

Bei der Ausführung chemischer Rechnungen wird man sich in den weitaus meisten Fällen mit Vorteil der Logarithmen bedienen, und zwar wird eine kleine, fünfstellige Tafel, wie sie weiter hinten abgedruckt ist, fast immer genügen. Oft genügt schon die vierstellige Tafel.

Ganz abgesehen von dem bedeutenden Zeitverluste verleitet das Rechnen ohne Benutzung von Logarithmen nur zu oft zum Begehen prinzipieller Fehler; denn da das Multiplizieren und Dividieren mit vier- und fünfstelligen Zahlen ohne Benutzung von Tafeln recht unbequem ist, so findet man häufig, daß z. B. das Atomgewicht des Chlors statt 35,37 (alten Stils) gleich 35,5 gesetzt wird. Derselbe Chemiker aber, der diesen Fehler von 0,37 % begeht, würde es mit ungeheuchelter Entrüstung zurückweisen, wenn man ihm zumutete, er solle gelegentlich der Chlorbestimmung bei dem Chlorsilber die $\frac{1}{10}$-Milligramme nicht mit der peinlichsten Sorgfalt auswiegen — und doch entsprechen diese mit so viel Gewissenhaftigkeit bestimmten Größen nur einem, oder höchstens einigen wenigen Hundertsteln von Prozenten der fraglichen Maßzahl.

Sehr vielfach findet man weiter, daß in einer Rechnung durcheinander bald abgerundete, bald möglichst genaue Zahlen verwendet werden. So benutzt man bei der Berechnung der theoretischen Zusammensetzung einer organischen Verbindung für das Verhältnis H : O den Wert 1 : 16; den Wasserstoffgehalt des bei der Verbrennung erhaltenen Wassers aber entnimmt man ohne Bedenken einer Tafel, die z. B. auf Grund des Verhältnisses H : O = 1,01 : 16 berechnet wurde. Rechnet man dann nach solchen, allerdings meist unbewußten Verstößen die Analysen auf 2 oder, wie gewisse Rechenkünstler unter Mißbrauch der Geduld des Papieres es gar fertig bringen, auf 3 Decimalen aus, so heißt das mit Zahlen spielen, sich und Anderen ganz falsche Vorstellungen über die Zuverlässigkeit der gewonnenen Resultate beibringen.

Derartige Verstöße werden nun vollständig unmöglich gemacht, wenn man sich bei allen Rechnungen stets der vorstehenden Tafeln bedient. Die Verleitung zu unangebrachten Abkürzungen z. B. fällt dann vollständig fort, da der Logarithmus der sechsstelligen Zahl gerade so rasch abgeschrieben ist, wie derjenige der zweistelligen.

Tafel III

Höhere Multipla einiger Atomgewichte nebst Logarithmen.

Bei der Bildung der höheren Multipla der Atomgewichte ist die Anzahl der brauchbaren Decimalstellen wohl zu beachten. Ist z. B. H = 1,008, so ist für H_{11} nicht ohne weiteres 11 . 1,008 = 11,088 zu setzen, es ist vielmehr auf 11,09 abzurunden, weil ja die Unsicherheit der dritten Decimale in H = 1,008 durch die Multiplikation mit 11 in die zweite Decimale vorgerückt ist.

Tafel IV

Gewichte und Logarithmen häufig gebrauchter Molekeln, Atomgruppen und Äquivalente.

Auch bei der Bildung von Molekulargewichten ist auf die Anzahl der zulässigen Decimalen zu achten.

Für Silberchlorat z. B. können wir das Molekulargewicht ohne weiteres durch Addition der Atomgewichte berechnen:

$$\begin{aligned} Ag &= 107{,}88 \\ Cl &= 35{,}46 \\ O_3 &= 48{,}00 \\ \hline AgClO_3 &= 191{,}34 \end{aligned}$$

Wir sind berechtigt, hier zwei Decimalen zu setzen, denn die Atomgewichte aller in der Verbindung vorkommenden Elemente sind mit einer dieser Stellenzahl entsprechenden Genauigkeit bekannt.

Wollten wir aber z. B. für Natriumbichromat rechnen

$$\begin{aligned} Na_2 &= 46{,}00 \\ Cr_2 &= 104{,}0 \\ O_7 &= 112{,}000\ldots \\ 2\,H_2O &= 36{,}032 \\ \hline Na_2Cr_2O_7 \,.\, 2\,H_2O &= 298{,}032 \end{aligned}$$

so wäre dies gänzlich verkehrt, da ja die Unsicherheit der ersten Decimale von 104,0 für Cr_2 auch in die erste Decimale der Summe übergeht. Wir haben also zu setzen

$$Na_2Cr_2O_7 \,.\, 2\,H_2O = 298{,}0;$$

denn das Molekulargewicht darf nur mit so viel Decimalen benutzt werden, als deren das am wenigsten gut gekannte, darin übergegangene Atomgewicht aufweist.

Bei der Anordnung der die Molekeln resp. Atomgruppen zusammensetzenden Atome ist in der Tafel die Regel befolgt, daß bei Elektrolyten zunächst der elektropositive Bestandteil gesetzt ist, also z. B. $K_2 \mid SO_4$; $H_2 \mid SO_4$; $K \mid OH$. Innerhalb der einzelnen Jonen stehen die das Gerippe der Gruppe bildenden Atome an erster Stelle, z. B. SO_4; $PtCl_6$; $Fe(CN)_6$; NH_4 etc. Doppelsalze sind bei den positiveren der positiven Jonen zu suchen, z. B. $(NH_4)_2 \mid SO_4 \,.\, FeSO_4 \,.\, 6H_2O$.

Tafel V

Multipla mit Logarithmen einiger Molekeln und Atomgruppen.

Diese Tafel wird hauptsächlich bei der Berechnung von Mineralanalysen dienlich sein. Im übrigen gilt das bei Tafel III Gesagte.

Tafel VI

Berechnen der Analysen.

Bei dem Berechnen von Analysen ist es noch vielfach üblich, zunächst aus vorhandenen, meist recht umfangreichen Tafelwerken (z. B. dem von Kohlmann und Frerichs) zu entnehmen, wie viel von einem gesuchten Stoffe in einem gewogenen Niederschlage oder dergleichen enthalten ist, bzw. ihm entspricht. Von dieser Zahl erst gelangt man dann zu der gesuchten Prozentzahl.

Weit schneller aber und eleganter erreicht man das

Ziel bei ausschließlich logarithmischer Rechnung[1] unter Benutzung der in Tafel VI gegebenen „Faktoren". Der „Faktor" F ist diejenige Zahl, mit welcher man das Gewicht eines erhaltenen Niederschlages N (oder dergl.) multiplizieren muß, um aus ihm das Gewicht B eines seiner Bestandteile (oder einer sonst mit ihm durch irgend eine Gleichung verknüpften Substanz) zu erhalten.

Der „Faktor" ist also das Äquivalenzverhältnis der gefundenen und der gesuchten Verbindung, N . F = B.

Ist S die für die Analyse abgewogene Substanzmenge und P der Prozentgehalt von S an B, so gilt die Beziehung

$$P = 100 \cdot \frac{B}{S} = 100 \cdot \frac{N \cdot F}{S};$$

es ist also

$$\log P = \log N + \log F - \log S$$

Die 2, welche als log 100 eigentlich noch hinzukommen müßte, lassen wir, wie überhaupt alle Kennziffern, einfach fort; wir dürfen dies, weil wir ja nie im Zweifel darüber sein können, ob das schließliche Resultat etwa 0,71 . . . oder 7,1 . . . oder aber 71, . . lauten muß.

Der log S wird nicht nachträglich von der erst gebildeten Summe log N + log F subtrahiert, wir addieren vielmehr direkt zu log N + log F die dekadische Ergänzung von log S, die sich bei einiger Übung eben so rasch aus der Logarithmentafel abschreiben läßt, wie der Logarithmus selbst. Also schließlich

$$\log P = \log N + \log F + (1 - \log S)$$

Die ganze Prozentberechnung reduziert sich demnach auf das Abschreiben von 3 Logarithmen, Bilden der Summe und Aufschlagen des Numerus.

Das folgende Beispiel enthält die gesamten für die Analyse einer komplizierteren organischen Substanz erforderlichen Daten und Rechnungen. Es soll dem Anfänger zeigen,

[1] Zum Kapitel „Rechnen" vergl. Ostwald-Luther, Physikochemische Messungen, S. 1—28.

wie die Rechnung mit größter Zeitersparnis und unter Vermeidung jeder unnötigen Schreiberei auszuführen ist:

0,2314 g	Substanz gaben	0,4063 g CO_2 und 0,0806 g H_2O
0,1921 g	„ „	0,0497 g AgCl (Best. von Cl)
0,2131 g	„ „	0,0554 g AgCl („ „ Ag)
0,3251 g	„ „	21,6 ccm N_2; p = 74,8 cm; t = 12°.

	C	H	Cl	Ag	N	O
log N =	60885	90634	69636	74351	33445	
log F =	43586	04884	39337	87657	07146	
1 − log S =	63564	63564	71647	67142	48797	
log P =	68035	59082	80620	29150	89388	15836[1]
log d. Atomgew. =	07936	00346	54974	03294	14644	20412
Differ. =	60099	58736	25646	25856	74744	95424
kleinste Differ. =	25646	25646	25646	25646	25646	25646
Differ. =	34453	33090	00000	00210	49098	69778
Atomverhältn. =	22,1 :	21,4 :	1,0 :	1,0 :	3,1 :	5,0

Wahrscheinlichste Formel $C_{22}H_{21}ClAgN_3O_5$

C_{22} =	264,11 =	47,98 %	gefunden ist 47,9	85,6 %
H_{21} =	21,17 =	3,85 „	„ „ 3,9	
Cl =	35,46 =	6,44 „	„ „ 6,4	
Ag =	107,88 =	19,60 „	„ „ 19,6	
N_3 =	42,03 =	7,63 „	„ „ 7,8	
O_5 =	80,000 =	14,50 „	(aus d. Differ.) 14,4	
M =	550,5 =	100,00 %		

	C_{22}	H_{21}	Cl	Ag	N_3	O_5
log der Atomsumm. =	42178	32569	54974	03294	62356	90309
log M =	74076	74076	74076	74076	74076	74076
log P =	68102	58493	80898	29218	88280	16233

Die Bedeutung der vorstehenden Zahlenreihen ist die folgende: In den ersten vier Zeilen finden sich die experimentellen Daten verzeichnet, welche die Analyse ergab. Die

[1] $P_C + P_H + P_{Cl} + P_{Ag} + P_N$ ist 47,9 + 3,9 + 6,4 + 19,6 + 7,8 = 85,6, also P_O = 14,4 als Ergänzung zu 100, mithin log P_O = 15836.

gefundenen Gewichte **N** an Kohlendioxyd, Wasser, Chlorsilber etc. sollen uns den Prozentgehalt **P** der analysierten Substanz an Kohlenstoff, Wasserstoff, Chlor etc. liefern, was in der oben geschilderten Weise durch Multiplikation mit den betreffenden Faktoren **F** und durch Division mit den angewandten Substanzmengen erreicht wird. Die nächsten 3 Zeilen enthalten die für diese Rechnungen erforderlichen Logarithmen in ohne Erklärung verständlicher Anordnung, ihre Summen bilden die Logarithmen der durch die Analyse gefundenen Prozente **P**.

Bietet uns nun z. B. die Herstammung der analysierten Substanz oder dergleichen genügende Anhaltspunkte, um eine Formel für die Verbindung aufzustellen, so können wir ohne weiteres die Zahlen zu log **P** aufschlagen und sie mit den theoretisch geforderten in der weiter unten gegebenen Weise des Vergleichs wegen zusammenstellen.

Wissen wir aber noch nichts Näheres über die Zusammensetzung der untersuchten Verbindung, so haben die gefundenen Prozentzahlen zunächst noch keinen direkten Wert für uns, sie können aber benutzt werden für die Aufstellung einer empirischen Formel für die analysierte Substanz, zu welchem Zweck die Rechnung in der oben angedeuteten Weise fortgesetzt wird.

Die quantitative Zusammensetzung einer Verbindung ist bedingt durch die Anzahl und durch das Gewicht der in ihrer Molekel vorkommenden Atome, die Prozentzahlen erscheinen deshalb als Produkte aus den bekannten Atomgewichten und den unbekannten, zu ermittelnden Indices der Atome, multipliziert mit einem konstanten, ebenfalls unbekannten Faktor; also z.B. $P_C = 12{,}005 . x . k$; $P_H = 1{,}008 . y . k$; $P_{Cl} = 35{,}46 . z . k$; usw.[1]

Um die Produkte $x . k$; $y . k$; $z . k$ zu ermitteln, müssen wir deshalb zunächst die Prozentzahlen durch die in ihnen

[1] P_C; P_H; P_{Cl} u. s. w. bedeuten die Prozente Kohlenstoff, Wasserstoff, Chlor u. s. w.

enthaltenen Atomgewichte dividieren, deren Logarithmen zu diesem Zweck unter die log P geschrieben werden, so daß durch Subtraktion die Logarithmen der Produkte x k; y k; z k erscheinen. Diese Produkte sind hier der Reihe nach

3,99; 3,87; 0,18; 0,18; 0,56; 0,90; —

eine recht unübersichtliche Zahlenreihe, mit der wir nichts anfangen können.

Die Unübersichtlichkeit dieser Zahlen rührt nun daher, daß sie noch den gemeinsamen Faktor k enthalten, der im allgemeinen ein echter oder auch ein unechter Bruch sein wird. Wir können aber diesen Faktor zu Eins, resp. zu einer anderen, ganzen, im allgemeinen kleinen Zahl machen dadurch, daß wir alle Produkte durch das kleinste dividieren; wir schlagen deshalb die fraglichen Produkte garnicht erst auf, sondern subtrahieren sofort von allen Logarithmen den kleinsten[1], unter ihnen — wie es oben geschehen ist. Dadurch verwandelt sich die Reihe der Produkte in

22,1; 21,4; 1,0; 1,0; 3,1; 5,0,

und wir werden mit der Annahme kaum fehlgehen, daß der Faktor k in dieser Reihe gleich Eins geworden ist, daß wir als wahrscheinlichste Formel für die untersuchte Verbindung also zu schreiben haben $C_{22}H_{21}ClAgN_3O_5$.

Um diese Formel auf ihre Zulässigkeit zu prüfen, berechnen wir nun noch die prozentische Zusammensetzung, welche eine derartige Verbindung theoretisch haben soll, um dann die errechneten Zahlen mit den wirklich gefundenen zu vergleichen. Der Weg, wie dieses Ziel mit möglichst wenig Aufwand an Raum und Zeit erreicht wird, ist aus der obigen Aufstellung ohne weiteres ersichtlich, besonders aber ist auf die Anordnung der erforderlichen Logarithmen zu achten.

Da die Abweichungen der gefundenen Prozentzahlen von den errechneten die erfahrungsmäßig zulässigen in keinem Falle überschreiten, wie die Nebeneinanderstellung der Zah-

[1] Wobei natürlich die Kennziffer zu berücksichtigen ist!

len übersichtlich erkennen läßt, so war die Aufstellung der obigen Formel berechtigt.

Die ganze Verrechnung des so umfangreichen experimentellen Materials machte keine Multiplikation oder Division erforderlich; ohne Zuhilfenahme von Tabellen und Logarithmen hätten wir für die Rechnung wohl die zehnfache Zeit aufwenden müssen.

Es fragt sich nun weiter, wie weit die experimentellen Daten verrechnet werden sollen, wieviel Dezimalstellen bei der Angabe der Prozentzahlen zulässig sind. Weiter oben war als Grundsatz aufgestellt worden, daß die Zahl der Stellen stets der Genauigkeit des mitgeteilten Ergebnisses entsprechen soll, indem die vorletzte Ziffer noch als zuverlässig, die letzte aber schon als unsicher gelten darf[1].

Nun ist Erfahrungstatsache, daß bei mehrfacher Ausführung einer Analyse durch einen Analytiker mittlerer Leistungsfähigkeit und bei Anwendung von Methoden, die mit Fehlerquellen mittlerer Größe behaftet sind, dann die erste Decimale der erhaltenen Prozentzahlen um einige Einheiten zu schwanken pflegt. Diese erste Decimale ist deshalb schon unsicher und somit die einzige, welche bei einmaliger Ausführung der Analyse aufgenommen werden darf; eine zweite Decimale ist nicht nur wertlos, sie ist sogar entschieden zu verwerfen, weil sie geeignet ist, falsche Vorstellungen über die Zuverlässigkeit des analytischen Resultates zu erwecken.

Tafel VII

Volumetrische Bestimmung des Stickstoffs und anderer Gase (trocken oder feucht), sowie durch Gase meßbarer Stoffe.

Von allen Analysen, in deren Verlauf Stoffe aus gemessenem Gasvolum berechnet werden, ist die Stickstoffbestimmung die bei weitem häufigste. Deshalb ist die Tafel VII so berechnet, daß die in ihr mitgeteilten Zahlen für Stickstoff ohne weiteres gelten, während für jedes andere Gas noch je ein log zu addieren ist (siehe Erläuterungen zu Tafel VIII).

Das Gewicht g von 1 ccm Stickstoff trocken bei 0° und

[1] Es ist hierüber näheres nachzulesen in Ostwald-Luther, Physiko-chemische Messungen. S. 18 ff.

76 cm Quecksilberdruck gewogen ist nach Lord Rayleigh und W. Ramsay[1]

$$g = 0{,}0012505 \text{ Gramm;}$$

bei t^0 und dem Drucke von p mm demnach

$$g = 0{,}0012505 \cdot \frac{1}{1 + 0{,}003670\, t} \cdot \frac{p}{760} \text{ Gramm.}$$

Die Logarithmen dieser Werte g finden sich in der Tafel VII zusammengestellt für Temperaturen von 7 bis 24° und für Drucke von 670 bis 789 mm. — Es ist also

$$\log P = \log \text{ccm} + \log g + (1 - \log S),$$

wenn P die gesuchten Prozente Stickstoff
ccm die abgelesenen Kubikzentimeter und
S die abgewogene Substanz bedeutet.

Es wäre nicht zweckmäßig, die Tafel direkt für feuchten, d. h. mit dem Dampfe von reinem Wasser gesättigten Stickstoff zu berechnen, da sie dann für Stickstoff, der über Kalilauge verschiedener Konzentration oder trocken über Quecksilber aufgefangen ist, sowie für andere Zwecke unbrauchbar wäre. Die Tafel VII ist demgegenüber eine Universaltafel. Sie ist zunächst zwar für die Berechnung trockenen Stickstoffs bestimmt, sie kann aber auch ohne weiteres für die Berechnung feuchten Stickstoffs und aller anderen Gase, trocken oder feucht, benutzt werden. Will man den Stickstoff nicht trocknen, so fängt man ihn am besten über etwa fünfzigprozentiger Kalilauge auf, da er dann nach Bunsen als praktisch trocken angesehen werden darf. Ist er feucht, entweder über Wasser oder verdünnterer Kalilauge abgesperrt, so subtrahiert man die Dampftension der Sperrflüssigkeit von dem herrschenden Barometerstande und benutzt die Tafel VII ohne weiteres. Für den besonders häufigen Fall, daß das Sperrmittel Wasser ist, sind die als Dampftensionen des Wassers (mm) bei den Temperaturen 7 bis 24° von p zu subtrahierenden Zahlen unter p_w der Tafel links vorgedruckt. Ist also z. B. Stickstoff über Wasser bei 13° und 755 mm abgesperrt, so sucht man in der Tabelle den Wert für 13° und 755 — 11,1 mm oder 13° und 744 mm, also 06761, auf.

In der Regel wird die Tafel ohne jede Interpolation benutzt werden können, d. h. es wird genügen, ganze Grade und ganze Millimeter abzulesen; denn runde ich z. B. 13,5°

[1] Vergl. Zeitschr. f. physik. Chem. **16**, 346 (1895).

und 745,5 mm auf 13° und 746 mm ab, so begehe ich dadurch einen maximalen Abrundungsfehler (Abrundung maximal und beidemal im selben Sinne wirkend) und bekomme statt 100 Stickstoff 100,24. Ich würde also z. B. in einer Substanz statt 10,00 % Stickstoff finden 10,02 % oder statt 20,00 % deren 20,05. Das sind aber Fehler, die weit innerhalb der sonstigen Fehlergrenzen liegen. Wer doch zu interpolieren wünscht, wird hierin wesentlich durch die den Tafeln angefügten Differenzentäfelchen unterstützt werden.

Den Stickstoff über verdünnten Kalilaugen zu messen, ist nicht anzuraten, da nach Bunsen deren Dampfspannungen nach der Absorption des Kohlendioxyds unzuverlässig sind. Da aber doch häufig verdünntere Kalilaugen als Sperrflüssigkeiten benutzt werden, so sollen hier ihre in Abzug zu bringenden Dampfspannungen aufgeführt werden. Die kleine Tabelle enthält gleichzeitig die zu subtrahierenden Korrekturen der Barometerablesungen an Glas- und Messingskala:

t°	p (mm) für Kalilauge mit einem Gehalt an KOH von				
	9,1 %	16,7 %	23,1 %	28,6 %	32,9 %
7	7,0	6,5	5,9	5,3	4,6
8	7,5	7,0	6,3	5,6	4,8
9	8,0	7,5	6,8	6,0	5,2
10	8,6	8,0	7,3	6,5	5,6
11	9,2	8,6	7,8	7,0	6,0
12	9,8	9,2	8,3	7,4	6,4
13	10,5	9,8	8,9	7,9	6,9
14	11,2	10,4	9,5	8,4	7,3
15	11,9	11,1	10,1	9,0	7,8
16	12,7	11,9	10,8	9,6	8,3
17	13,6	12,6	11,5	10,3	8,9
18	14,5	13,5	12,3	10,9	9,5
19	15,4	14,3	13,1	11,7	10,1
20	16,4	15,3	13,9	12,4	10,8
21	17,4	16,2	14,8	13,2	11,4
22	18,5	17,3	15,8	14,0	12,2
23	19,7	18,3	16,8	14,9	12,9
24	20,9	19,5	17,8	15,9	13,8

t°	Barometerkorrektur (mm), Skala von	
	Glas	Messing
7	0,9	0,9
8	1,0	1,0
9	1,2	1,1
10	1,3	1,2
11	1,4	1,3
12	1,5	1,5
13	1,7	1,6
14	1,8	1,7
15	1,9	1,8
16	2,1	1,9
17	2,2	2,1
18	2,3	2,2
19	2,4	2,3
20	2,6	2,4
21	2,7	2,5
22	2,8	2,7
23	2,9	2,8
24	3,1	2,9

Tafel VII als Gasreduktionstabelle.

Die Tafel VII kann nun auch noch als Gasreduktionstabelle benutzt werden. 1 ccm Stickstoff wiegt 0,001 2505 g, der log dieser Zahl ist 09708. Subtrahiert man diesen log von dem entsprechenden durch den herrschenden Druck und die herrschende Temperatur bestimmten log der Tabelle VII, so hat man den log der Zahl, mit welcher man das abgelesene Gasvolum multiplizieren muß, um es auf 0°, 760 mm Druck und Trockenheit zu reduzieren. Ist das Gas feucht, so ist beim Ablesen des Druckes der Wasserdampfdruck in Abzug zu bringen; auch ist die Barometerablesung zu korrigieren, wie oben angegeben.

Man führt hiernach die Reduktion des bei t° und p mm Druck feucht oder trocken abgelesenen Volums aus, indem man zueinander addiert

den log der abgelesenen ccm,
den entsprechenden log der Tafel VII,
die Zahl 90292 als Ergänzung zu 09708.

Beispiel: Das Volum einer über Wasser abgesperrten Gasmenge wurde bei t = 20° und p = 756,0 mm, abgelesen am Barometer mit Glasskala, zu 47,30 ccm ermittelt. Wie groß ist das Volum reduziert auf Trockenheit, 76 cm Druck und 0°?

Die Korrektur für Feuchtigkeit ist 17,4 mm, für die Barometerablesung 2,6 mm, also ist der Teildruck des Gases 756,0 — 17,4 — 2,6 = 736,0 mm.

Weiter ist

log 47,30 = 67 486
log Tafel VII = 05 240
Ergänzung zu 09708 = 90 292
63 018

Der Numerus von 63018 ist 4268, also ist das reduzierte Gasvolum 42,68 ccm.

Tafel VIII

Volumetrische Bestimmung wichtiger Gase.

Die Tafel VII kann nun auch zur Berechnung des Gewichtes anderer Gase benutzt werden, deren Volum bei t^0 und p mm Druck, feucht oder trocken, gemessen wurde. Nach dem Avogadroschen Satze wiegt 1 ccm eines Gases vom Molekulargewicht m innerhalb der Gültigkeit der Gasgesetze m mal soviel, als 1 ccm des unter gleichen Bedingungen stehenden Normalgases vom Molekulargewicht 1.

Man erhält demnach den log des Gewichtes von a ccm des Gases vom Molekulargewicht m, gemessen bei t^0 und p mm Druck, indem man zueinander addiert

den log von a (abgelesene ccm),
den entsprechenden log der Tafel VII,
den log von m,
die Zahl 55280.

Die Zahl 55280 ist als Differenz von 64988 und 09708 (siehe Tafel VIII die log der Litergewichte von Normalgas und von Stickstoff) der log, welcher das Gewicht eines Stickstoffvolums auf das Gewicht des gleichen, unter gleichen Bedingungen gemessenen Volums Normalgas reduziert. Ist das Gas feucht gemessen, so ist beim Ablesen des Druckes der Dampfdruck des Wassers in Abzug zu bringen, auch ist die Barometerablesung zu korrigieren, wie in den Erläuterungen zu Tafel VII angegeben ist.

Beispiel: Wieviel wiegen 37,1 ccm Wasserstoff, gemessen bei 23^0 und 763 mm Druck über Wasser?

Es ist $p = 763 - 20{,}9 - 2{,}9 = 739$ mm, da für Wasserdampfdruck 20,9, für Barometerkorrektur 2,9, zusammen 23,8 oder rund 24 mm vom Barometerstand 763 mm in Abzug zu bringen sind. Es ist nun

log a oder 37,1	= 56 937
log der Tafel VII	= 04 973
log m oder 2,0152	= 30 432
Reduktion auf Normalgas	= 55 280
	47 622.

Der Numerus hierzu ist 29938. Die Stellung des Kommas ergibt eine Überschlagsrechnung. Da nach Tafel VIII 1 ccm Normalgas 0,04462 mg wiegt, Wasserstoff (m = 2) rund das Doppelte, so müssen 37 ccm Wasserstoff rund 0,04 . 2 . 37 oder etwa 3 mg wiegen. Die berechnete Zahl kann demnach nur 2,99 mg sein, nicht etwa 29,9 oder 0,299 mg. Mehr als 3 Stellen dürfen nicht geschrieben werden, also nicht etwa 2,9938 mg, da das abgelesene Volum ebenfalls nur mit 3 Stellen angegeben ist, auch sonstige Unsicherheiten (Druckmessung) keine größere Genauigkeit verbürgen.

Viele der wichtigsten und am häufigsten gemessenen Gase zeigen nun aber so beträchtliche Abweichungen von den Gasgesetzen, daß die wie oben ausgeführte Berechnung des Gewichtes aus dem Volum unter Zugrundelegung des Avogadroschen Satzes unerlaubt große Fehler ergibt. Deshalb sind für diese Gase aus den empirischen Litergewichten Faktoren berechnet, deren log in der letzten Spalte der Tafel VIII zu finden sind, und die für die beiden letzten log der obigen Rechnung einzusetzen sind, wie es im Vordruck der Tafel VIII angegeben wurde.

Beispiel: Wieviel wiegen 43,7 ccm Stickoxyd, gemessen bei 17° und 757 mm Barometerstand über Kalilauge von 33 %?

Es ist p = 757 − 8,9 − 2,2 = 746 mm, da nach Seite 61 als Dampfdruck der Kalilauge von 33 % 8,9 mm, als Barometerkorrektur 2,2 mm, zusammen 11,1 oder rund 11 mm abzuziehen sind. Es ist nun

log ccm oder 43,7 =	64 048
log der Tafel VII =	06 274
log der Tafel VIII =	03 092
	73 414.

Der Numerus ist 5422, das Gewicht demnach 54,2 mg, da nach Tafel VIII 1 ccm des Gases rund 1,3 mg, 43 ccm demnach rund 50 mg wiegen müssen.

Die in der Tafel VIII angegebenen Litergewichte haben Ramsay für N_2 (Z. f. physik. Ch. **16**, 346; 1895); Morley für O_2 und H_2 (ebenda **20**, 451; 1896); Leduc für Luft, CO, CO_2, N_2O, HCl, C_2H_2, SO_2 (Ann. de Chim. (7) **15**; 1898); für H_2S, NH_3, Cl_2 (C. R. **125**, 571; 1897) und für NO (C. R. **116**, 322; 1893), und Thomson für CH_4 gefunden.

Tafel IX

Volumetrische Bestimmung gasentwickelnder Stoffe.

Entwickelt ein Stoff nach einer stöchiometrischen Gleichung ein Gas, so ist das Gewicht des entwickelnden Stoffes nach dieser Gleichung aus dem Gewicht des entwickelten Gases berechenbar. Letzteres Gas ist nun aber nicht gewogen, vielmehr ist sein Volum bei t^0 und p mm Druck, feucht oder trocken, in ccm gemessen. Man ermittelt deshalb mit Hilfe der Tafeln VII und VIII aus dem Volum sein Gewicht und multizipliert dieses mit dem Äquivalentverhältnis des entwickelnden Stoffes und des entwickelten Gases. Den log der Tafel VIII und den log des Äquivalentverhältnisses wird man ein für allemal zu einem Umrechnungs-log zusammenziehen. Die letzteren sind für eine Anzahl wichtiger Fälle in der letzten Spalte der Tafel IX aufgeführt.

Aus vorstehendem ergibt sich die der Tafel IX vorgedruckte Anleitung zur Benutzung der Tafel.

Beispiel 1: 0,250 g Zinkstaub gaben 79,6 ccm Wasserstoff, gemessen über Wasser bei 20^0 und 742 mm Barometerstand. Wieviel Prozent metallisches Zink enthält der Zinkstaub?

Korrektur für Feuchtigkeit 17,4 mm, für Barometerablesung (Seite 61) 2,6 mm, also p = 742 − 17,4 − 2,6 = 722 mm. Um das gefundene Zink in Prozenten des Zinkstaubes auszudrücken, ist mit dem Gewicht des verwandten Zinkstaubes zu dividieren, den gefundenen log also noch die dekadische Ergänzung des log von 0,250 hinzuzuaddieren. Es ist

log ccm oder 79,6	= 90 091
log der Tafel VII	= 04 406
log der Tafel IX	= 36 744
1 − log 250	= 60 206
	91 447

Der Numerus ist 8212. Der Zinkstaub enthält demnach 82,1 (nicht 82,12!) % Zink. Die Stellung des Kommas ergibt sich aus der Angabe der Tafel IX, daß 1 ccm Wasserstoff etwa 2,9 mg Zink entspricht, 80 ccm also etwa 0,23 g. Es sind demnach rund $100 \cdot \frac{0,23}{0,25}$ = etwa 82,1 und nicht 8,21 % Zink gefunden worden.

Beispiel 2: 0,1487 g Chilisalpeter gaben 37,1 ccm Stickoxyd, gemessen bei 767 mm und 13° über Kalilauge von 25 %. Wieviel Prozent Stickstoff enthält der Chilisalpeter?

Nach Seite 61 ist der Druck p = 767 − 8,6 − 1,7 = 757 mm. Es ergibt sich

log 37,1	= 56 937
log Tafel VII	= 07 514
log Tafel IX	= 70 009
1 − log 1487	= 82 769
	17 229

Der Numerus ist 1487. Folglich enthält der Chilisalpeter (wie sich nötigenfalls unter Zurateziehung der Angaben der Tafel IX ergibt) 14,9 % Stickstoff. Chemisch reines Natriumnitrat verlangt 16,47 % N_2.

Diese Beispiele zeigen, wie außerordentlich einfach und elegant durch Benutzung der Tafeln VII und IX die sonst so zeitraubenden und schwerfälligen Berechnungen derartiger Analysen werden.

Tafel X
Indirekte Analyse.

Durch die „indirekte“ Analyse wird die quantitative Zusammensetzung eines Substanzgemisches ermittelt, ohne daß eine Trennung und gesonderte Wägung einzelner Bestandteile oder Umwandlungsprodukte solcher Bestandteile ausgeführt wird. Man nimmt vielmehr mit dem qualitativ bekannten Gemisch als Ganzem gewisse, zweckmäßig gewählte Umwandlungen vor und errechnet dann die quantitative Zusammensetzung aus den beobachteten Massenänderungen.

Ein Gemisch bestehe z. B. aus Verbindungen mit den Molekulargewichten M_x; M_y; M_z . . ., und zwar soll die abgewogene Menge g desselben sich zusammensetzen aus x Gramm der ersten Verbindung, y Gramm der zweiten, z Gramm der dritten..... Dies giebt uns die erste Beziehung

$$x + y + z \ldots = g \qquad (1)$$

Nun nehmen wir mit dieser abgewogenen Menge g eine Umwandlung vor, infolge deren der erste Bestandteil in eine Verbindung mit dem Molekulargewicht $M_{x'}$; der zweite mit $M_{y'}$; der dritte mit $M_{z'}$..... übergeht (wobei aber nicht alle Molekulargewichte sich zu ändern brauchen, vielmehr z. B. $M_x = M_{x'}$ sein kann).

Ist das zu bestimmende Gesamtgewicht des Umwandlungsproduktes g', so haben wir die zweite Beziehung

$$x \frac{M_{x'}}{M_x} + y \frac{M_{y'}}{M_y} + z \frac{M_{z'}}{M_z} \ldots = g' \qquad (2)$$

Bei der Aufstellung dieser Gleichung ist natürlich die Äquivalenz der Molekeln wohl zu beachten.

Ein analoger, dritter Prozeß liefert uns die dritte Beziehung

$$x \frac{M_{x''}}{M_x} + y \frac{M_{y''}}{M_y} + z \frac{M_{z''}}{M_z} \dots = g'' \qquad (3)$$

Wie bekannt, brauchen wir zur Berechnung der Analyse eben so viele von einander unabhängige Gleichungen, als Unbekannte, hier verschiedene Verbindungen in dem Gemisch, vorkommen.

Das Vorstehende mag hier noch an einigen Beispielen näher erläutert werden.

Aufgabe: Die quantitative Zusammensetzung eines aus Chlorkalium und aus Bromkalium bestehenden Gemisches soll auf indirektem Wege ermittelt werden.

Lösung 1: Durch Ueberführung des Gemisches in Kaliumsulfat. Die abgewogene Menge g des Substanzgemisches bestehe aus x Gramm Chlorkalium und y Gramm Bromkalium, das daraus erhaltene Sulfat aber wiege g' Gramm. Setzen wir der Kürze halber KCl für M_{KCl}; KBr für M_{KBr} u. s. w., so haben wir die beiden Beziehungen

$$x + y = g \qquad (1)$$

$$x \frac{K_2SO_4}{2\,KCl} + y \frac{K_2SO_4}{2\,KBr} = g' \qquad (2)$$

Für (2) schreiben wir

$$x + y \frac{KCl}{KBr} = g' \frac{2\,KCl}{K_2SO_4} \qquad (3)$$

Mit Hilfe von Tafel IV können wir sehr bequem den Wert der in (3) mit y und g' verbundenen Faktoren berechnen:

	log 2 = 30103
log KCl = 87251	log KCl = 87251
log KBr = 07562	1 — log K_2SO_4 = 75880
79689	93234
Numerus 0,62646	Numerus 0,85574

Diese Werte in (3) eingesetzt

$$x + 0{,}62646\, y = 0{,}85574\, g' \qquad (4)$$

welche Gleichung von (1) subtrahiert

$$y = \frac{g - 0{,}85574\, g'}{0{,}37354}$$

ergiebt. Wird nun y, das Bromkalium, in Prozenten ausgedrückt, so erhalten wir

$$\text{Prozente Bromkalium} = y \cdot \frac{100}{g}$$

$$= \frac{100}{0{,}37354} - \frac{0{,}85574}{0{,}37354} \cdot 100 \frac{g'}{g}$$

$$= 267{,}71 - 229{,}09 \frac{g'}{g}$$

Lösung 2: Durch Überführung des Gemisches in Halogensilber. Indem wir ganz analog vorgehen wie oben, erhalten wir

$$x + y = g \qquad (1)$$

$$x \frac{AgCl}{KCl} + y \frac{AgBr}{KBr} = g' \qquad (2)$$

$$x + y \frac{KCl}{KBr} \cdot \frac{AgBr}{AgCl} = g' \frac{KCl}{AgCl} \qquad (3)$$

log KCl = 87251	
log AgBr = 27370	
1 — log KBr = 92438	log KCl = 87251
1 — log AgCl = 84363	log AgCl = 15637
91422	71614
Numerus 0,82077	Numerus 0,52016

$$x + 0{,}82077\, y = 0{,}52016\, g' \qquad (4)$$

$$y = \frac{g - 0{,}52016\, g'}{0{,}17923}$$

$$\text{Prozente Bromkalium} = y \frac{100}{g}$$

$$= \frac{100}{0{,}17923} - \frac{0{,}52016}{0{,}17923} \cdot 100 \frac{g'}{g}$$

$$= 557{,}94 - 290{,}22 \frac{g'}{g}$$

Lösung 3: Durch Überführung des Gemisches in Chlorsilber. Wir haben

$$x + y = g \qquad (1)$$

$$x \cdot \frac{AgCl}{KCl} + y \cdot \frac{AgCl}{KBr} = g' \qquad (2)$$

$$x + y \cdot \frac{KCl}{KBr} = g' \cdot \frac{KCl}{AgCl} \qquad (3)$$

log KCl = 87251	log KCl = 87251
log KBr = 07562	log AgCl = 15637
79689	71614
Numerus 0,62646	Numerus 0,52016

$$x + 0{,}62646\, y = 0{,}52016\, g' \qquad (4)$$

$$y = \frac{g - 0{,}52016\, g'}{0{,}37354}$$

$$\text{Prozente Bromkalium} = y \frac{100}{g}$$

$$= \frac{100}{0{,}37354} - \frac{0{,}52016}{0{,}37354} \cdot 100 \frac{g'}{g}$$

$$= 267{,}71 - 139{,}25 \frac{g'}{g}$$

In analoger Weise läßt sich der Prozentgehalt jedes Gemisches an einem Bestandteil y ausdrücken durch eine Gleichung der Form

$$\text{Prozente an } y = a + b \frac{g'}{g},$$

worin a und b sowohl positiv als auch negativ sein können.

In Tafel X finden sich für häufiger vorkommende „indirekte“ Analysen diese Faktoren a und b nebst den Logarithmen für b zusammengestellt.

Tafel XI
Molekulargewichtsbestimmung.

I. Durch Luftverdrängung (Victor Meyer).

Um die Stickstoff-Tafel VII für die Reduktion des Gasvolums benutzen zu können, ist das gesuchte Molekulargewicht auf das des Stickstoffs (28,02) bezogen. Wenn die Verdampfungsbirne mit einem trockenen Gase gefüllt war, so ist vom Barometerstande natürlich die ganze Wasserdampftension und die Barometerkorrektur abzuziehen. Ist die Birne (wie es in der Regel der Fall ist) mit „gewöhnlicher" Luft gefüllt, so ist es in Hinblick auf die sonstigen Fehlerquellen der Methode meist ausreichend, etwa die halbe Wasserdampftension in Abzug zu bringen.

Beispiel: 0,0891 g Acetamid gaben 37,3 ccm Luft, gemessen über Wasser bei 19° und 763 mm Druck. Die Birne war mit gewöhnlicher, also etwa halb mit Wasserdampf gesättigter Luft gefüllt. Wie groß wurde das Molekulargewicht des Acetamides gefunden?

Es ist $p = 763 - \frac{1}{2} . 16,3 - 2,4 = 752,5$ mm.

$$\begin{aligned} & 4475 \\ \log 891 &= 9499 \\ 1 - \log 373 &= 4283 \\ 1 - \log \text{ der Tafel VII} &= 9375 \\ \hline & 7632 \end{aligned}$$

Der Numerus von 7632 ist 5797, also das Molekulargewicht m = 58,0 (nicht 57,97!). Die Formel des Acetamides, C_2H_5NO, verlangt m = 59,05. Es wurde hier mit vierstelligen log gerechnet, was mehr als ausreichend ist.

Tafel XII
Volumbestimmung durch Auswiegen.

Die Tafel XII wird angewendet, wenn der Inhalt von Pyknometern, Pipetten, Meßflaschen oder Büretten durch

Auswiegen mit Wasser oder Quecksilber bestimmt werden soll. Bei der Berechnung der Tabelle (cf. Kohlrausch und Holborn, das Leitvermögen der Elektrolyte) ist angenommen, daß mit Messinggewichten in Luft gewogen wurde, und daß der Volumausdehnungskoeffizient des Glases 0,000025 ist. Die log sind hier ausnahmsweise mit 7 Stellen gegeben, da 5 Stellen nicht überall ausreichen.

Tafel XIII
Löslichkeit wichtiger Stoffe bei 15°.

Die Tafel enthält die Löslichkeiten wichtiger, hauptsächlich im Laboratorium als Reagens gebrauchter Stoffe bei 15°. Unter % ist der Prozentgehalt der bei 15° gesättigten wässerigen Lösungen angegeben, bezogen auf den Stoff der durch die beigeschriebene Formel gegebenen Zusammensetzung, während unter „anh.“, soweit erforderlich, auch noch der Prozentgehalt an wasserfreiem (anhydrischem) Stoff verzeichnet ist. Die Spalte V.-G. gibt das Volumgewicht, die Spalte m.-n. die Molekular-Normalität dieser Lösungen an. Die Zahlen sind (bis auf wenige Ausnahmen) durch Interpolieren aus den Angaben der Tafeln 71; 77; 133 und 136 der 4. Auflage der Landolt-Börnsteinschen Tabellen erhalten worden.

Tafel XIV
Volumgewicht und Normalität von Lösungen. Herstellung von Normallösungen nach dem Volumgewicht.

Die Tafel XIV gibt den Zusammenhang zwischen den Volumgewichten (Spalte 1) wichtiger und viel benutzter Lösungen bei 15° und ihrer Normalität (in Äquivalenten). Die Volumgewichte sind auf Wasser von 4° bezogen. Die Zahlen geben also an, wieviel die Volumeinheit (ccm) der Lösung bei 15° in Gewichtseinheiten (g) wiegt. In den folgenden Spalten ist verzeichnet, wie vielfach normal die

Lösungen von den angeführten Volumgewichten sind. Diese Angabe wird für sehr viele Arbeiten willkommener sein, als die übliche Angabe des Prozentgehaltes der Lösungen.

Die aus den zuverlässigsten Grundlagen berechnete Tabelle ist genau genug, um mit ihrer Hilfe Lösungen für Titrationen einzustellen. Hierzu ist allerdings erforderlich, unter sorgfältiger Innehaltung der Temperatur (15°), das Volumgewicht auf etwa eine Einheit der vierten Dezimale richtig zu bestimmen. Das Verfahren gibt dann Titrierflüssigkeiten, die auf zehntel Prozente richtig sind (vergl. Chem. Ztg. 1902, 1055; Berichte **38**, 150; 1905).

Beispiel: Das V.-G. einer Salzsäure wurde zu 1,0835 gefunden. Nach Tafel XIV ist eine Säure vom V.-G. 1,0800 4,784fach normal, eine solche vom V.-G. 1,0900 aber 5,414fach normal. Durch Interpolieren findet man für das V.-G. 1,0835 die Normalität zu

$$4{,}784 + \frac{35}{100} \cdot (5{,}414 - 4{,}784) = 4{,}784 + \frac{35}{100} \cdot 0{,}630 = 5{,}005.$$

Somit ist ein Volum der Säure auf 5,005 Volume zu verdünnen, um sie gerade normal zu machen. Man wird zu dem Zweck z. B. 200 ccm der Säure in einen Literkolben tun, zum Liter auffüllen und dann noch 1 ccm Wasser zugeben (1 : 5,005 = 200 : 1001). Von einer so gewonnenen Normalsäure wurden für eine Titration 20,05 ccm gebraucht an Stelle von 20,00 ccm.

Tafel XV

Wheatstonesche Brücke. Logarithmen der Werte von a:(1000—a) für a von 1 bis 999.

Da bei der Arbeit mit der Wheatstoneschen Brücke die Anwendung von log bei der Berechnung zeitsparend ist, so wurden in die Tafel XV nicht, wie sonst üblich (siehe die Handbücher von Ostwald-Luther und von

Kohlrausch), die Werte für a:(1000 — a), sondern gleich deren log aufgenommen. Die Tafel gilt für den, wie üblich, in 1000 Einheiten eingeteilten Meßdraht.

Tafel XVI
Elektrochemische Konstanten.

Die gesetzliche Grundlage des Coulomb als derjenigen Elektrizitätsmenge, die 1,118 mg Silber abscheidet, ist noch in Geltung. Die neuesten, sorgfältigsten Untersuchungen haben diesen Wert sogar auf das beste bestätigt. Dagegen beträgt der Zahlenwert für 1 F entsprechend dem neuen Atomgewichte des Silbers nunmehr 96 494 Coulombs. Da das Jodcoulometer jedoch einen etwas höheren Wert (1 F = 96 512 Coulombs) liefert, so rechnet man zweckmäßig mit dem abgerundeten Werte 1 F = 96 500 Coulombs. Dieser Wert liegt der Berechnung der Tafel „Elektrochemische Äquivalente“ zugrunde. Bei den auf das Knallgascoulometer bezüglichen Werten ist darauf Rücksicht genommen, daß das Molvolumen des Wasserstoffs um etwa 0,2 $^0/_0$ größer ist als das des Sauerstoffs. — Die Numeri sind auch hier in roter, die Mantissen der Logarithmen in schwarzer Farbe gedruckt.

Die fünfziffrigen Mantissen

zu den

dekadischen Logarithmen

aller vierziffrigen Zahlen von 1000—9999 mit Proportionalteilen, für beliebige Numeri.

N.	L.	0	1	2	3	4	5	6	7	8	9
100	00	000	043	087	130	173	217	260	303	346	389
101		432	475	518	561	604	647	689	732	775	817
102		860	903	945	988	*030	*072	*115	*157	*199	*242
103	01	284	326	368	410	452	494	536	578	620	662
104		703	745	787	828	870	912	953	995	*036	*078
105	02	119	160	202	243	284	325	366	407	449	490
106		531	572	612	653	694	735	776	816	857	898
107		938	979	*019	*060	*100	*141	*181	*222	*262	*302
108	03	342	383	423	463	503	543	583	623	663	703
109		743	782	822	862	902	941	981	*021	*060	*100
110	04	139	179	218	258	297	336	376	415	454	493
111		532	571	610	650	689	727	766	805	844	883
112		922	961	999	*038	*077	*115	*154	*192	*231	*269
113	05	308	346	385	423	461	500	538	576	614	652
114		690	729	767	805	843	881	918	956	994	*032
115	06	070	108	145	183	221	258	296	333	371	408
116		446	483	521	558	595	633	670	707	744	781
117		819	856	893	930	967	*004	*041	*078	*115	*151
118	07	188	225	262	298	335	372	408	445	482	518
119		555	591	628	664	700	737	773	809	846	882
120		918	954	990	*027	*063	*099	*135	*171	*207	*243
121	08	279	314	350	386	422	458	493	529	565	600
122		636	672	707	743	778	814	849	884	920	955
123		991	*026	*061	*096	*132	*167	*202	*237	*272	*307
124	09	342	377	412	447	482	517	552	587	621	656
125		691	726	760	795	830	864	899	934	968	*003
126	10	037	072	106	140	175	209	243	278	312	346
127		380	415	449	483	517	551	585	619	653	687
128		721	755	789	823	857	890	924	958	992	*025
129	11	059	093	126	160	193	227	261	294	327	361
130		394	428	461	494	528	561	594	628	661	694
131		727	760	793	826	860	893	926	959	992	*024
132	12	057	090	123	156	189	222	254	287	320	352
133		385	418	450	483	516	548	581	613	646	678
134		710	743	775	808	840	872	905	937	969	*001
N.	L.	0	1	2	3	4	5	6	7	8	9

P. P.

	44	43	42
1	4,4	4,3	4,2
2	8,8	8,6	8,4
3	13,2	12,9	12,6
4	17,6	17,2	16,8
5	22,0	21,5	21,0
6	26,4	25,8	25,2
7	30,8	30,1	29,4
8	35,2	34,4	33,6
9	39,6	38,7	37,8

	41	40	39
1	4,1	4,0	3,9
2	8,2	8,0	7,8
3	12,3	12,0	11,7
4	16,4	16,0	15,6
5	20,5	20,0	19,5
6	24,6	24,0	23,4
7	28,7	28,0	27,3
8	32,8	32,0	31,2
9	36,9	36,0	35,1

	38	37	36
1	3,8	3,7	3,6
2	7,6	7,4	7,2
3	11,4	11,1	10,8
4	15,2	14,8	14,4
5	19,0	18,5	18,0
6	22,8	22,2	21,6
7	26,6	25,9	25,2
8	30,4	29,6	28,8
9	34,2	33,3	32,4

	35	34	33
1	3,5	3,4	3,3
2	7,0	6,8	6,6
3	10,5	10,2	9,9
4	14,0	13,6	13,2
5	17,5	17,0	16,5
6	21,0	20,4	19,8
7	24,5	23,8	23,1
8	28,0	27,2	26,4
9	31,5	30,6	29,7

P. P.

N.	L.	0	1	2	3	4	5	6	7	8	9
135	13	033	066	098	130	162	194	226	258	290	322
136		354	386	418	450	481	513	545	577	609	640
137		672	704	735	767	799	830	862	893	925	956
138		988	*019	*051	*082	*114	*145	*176	*208	*239	*270
139	14	301	333	364	395	426	457	489	520	551	582
140		613	644	675	706	737	768	799	829	860	891
141		922	953	983	*014	*045	*076	*106	*137	*168	*198
142	15	229	259	290	320	351	381	412	442	473	503
143		534	564	594	625	655	685	715	746	776	806
144		836	866	897	927	957	987	*017	*047	*077	*107
145	16	137	167	197	227	256	286	316	346	376	406
146		435	465	495	524	554	584	613	643	673	702
147		732	761	791	820	850	879	909	938	967	997
148	17	026	056	085	114	143	173	202	231	260	289
149		319	348	377	406	435	464	493	522	551	580
150		609	638	667	696	725	754	782	811	840	869
151		898	926	955	984	*013	*041	*070	*099	*127	*156
152	18	184	213	241	270	298	327	355	384	412	441
153		469	498	526	554	583	611	639	667	696	724
154		752	780	808	837	865	893	921	949	977	*005
155	19	033	061	089	117	145	173	201	229	257	285
156		312	340	368	396	424	451	479	507	535	562
157		590	618	645	673	700	728	756	783	811	838
158		866	893	921	948	976	*003	*030	*058	*085	*112
159	20	140	167	194	222	249	276	303	330	358	385
160		412	439	466	493	520	548	575	602	629	656
161		683	710	737	763	790	817	844	871	898	925
162		952	978	*005	*032	*059	*085	*112	*139	*165	*192
163	21	219	245	272	299	325	352	378	405	431	458
164		484	511	537	564	590	617	643	669	696	722
165		748	775	801	827	854	880	906	932	958	985
166	22	011	037	063	089	115	141	167	194	220	246
167		272	298	324	350	376	401	427	453	479	505
168		531	557	583	608	634	660	686	712	737	763
169		789	814	840	866	891	917	943	968	994	*019
N.	L.	0	1	2	3	4	5	6	7	8	9

P. P.

	32	31
1	3,2	3,1
2	6,4	6,2
3	9,6	9,3
4	12,8	12,4
5	16,0	15,5
6	19,2	18,6
7	22,4	21,7
8	25,6	24,8
9	28,8	27,9

	30	29
1	3,0	2,9
2	6,0	5,8
3	9,0	8,7
4	12,0	11,6
5	15,0	14,5
6	18,0	17,4
7	21,0	20,3
8	24,0	23,2
9	27,0	26,1

	28	27
1	2,8	2,7
2	5,6	5,4
3	8,4	8,1
4	11,2	10,8
5	14,0	13,5
6	16,8	16,2
7	19,6	18,9
8	22,4	21,6
9	25,2	24,3

	26
1	2,6
2	5,2
3	7,8
4	10,4
5	13,0
6	15,6
7	18,2
8	20,8
9	23,4

P. P.

N.	L.	0	1	2	3	4	5	6	7	8	9
170	23	045	070	096	121	147	172	198	223	249	274
171		300	325	350	376	401	426	452	477	502	528
172		553	578	603	629	654	679	704	729	754	779
173		805	830	855	880	905	930	955	980	*005	*030
174	24	055	080	105	130	155	180	204	229	254	279
175		304	329	353	378	403	428	452	477	502	527
176		551	576	601	625	650	674	699	724	748	773
177		797	822	846	871	895	920	944	969	993	*018
178	25	042	066	091	115	139	164	188	212	237	261
179		285	310	334	358	382	406	431	455	479	503
180		527	551	575	600	624	648	672	696	720	744
181		768	792	816	840	864	888	912	935	959	983
182	26	007	031	055	079	102	126	150	174	198	221
183		245	269	293	316	340	364	387	411	435	458
184		482	505	529	553	576	600	623	647	670	694
185		717	741	764	788	811	834	858	881	905	928
186		951	975	998	*021	*045	*068	*091	*114	*138	*161
187	27	184	207	231	254	277	300	323	346	370	393
188		416	439	462	485	508	531	554	577	600	623
189		646	669	692	715	738	761	784	807	830	852
190		875	898	921	944	967	989	*012	*035	*058	*081
191	28	103	126	149	171	194	217	240	262	285	307
192		330	353	375	398	421	443	466	488	511	533
193		556	578	601	623	646	668	691	713	735	758
194		780	803	825	847	870	892	914	937	959	981
195	29	003	026	048	070	092	115	137	159	181	203
196		226	248	270	292	314	336	358	380	403	425
197		447	469	491	513	535	557	579	601	623	645
198		667	688	710	732	754	776	798	820	842	863
199		885	907	929	951	973	994	*016	*038	*060	*081
200	30	103	125	146	168	190	211	233	255	276	298
201		320	341	363	384	406	428	449	471	492	514
202		535	557	578	600	621	643	664	685	707	728
203		750	771	792	814	835	856	878	899	920	942
204		963	984	*006	*027	*048	*069	*091	*112	*133	*154
N.	L.	0	1	2	3	4	5	6	7	8	9

P. P.

	26	25
1	2,6	2,5
2	5,2	5,0
3	7,8	7,5
4	10,4	10,0
5	13,0	12,5
6	15,6	15,0
7	18,2	17,5
8	20,8	20,0
9	23,4	22,5

	24	23
1	2,4	2,3
2	4,8	4,6
3	7,2	6,9
4	9,6	9,2
5	12,0	11,5
6	14,4	13,8
7	16,8	16,1
8	19,2	18,4
9	21,6	20,7

	22	21
1	2,2	2,1
2	4,4	4,2
3	6,6	6,3
4	8,8	8,4
5	11,0	10,5
6	13,2	12,6
7	15,4	14,7
8	17,6	16,8
9	19,8	18,9

P. P.

N.	L. 0	1	2	3	4	5	6	7	8	9
205	31 175	197	218	239	260	281	302	323	345	366
206	387	408	429	450	471	492	513	534	555	576
207	597	618	639	660	681	702	723	744	765	785
208	806	827	848	869	890	911	931	952	973	994
209	32 015	035	056	077	098	118	139	160	181	201
210	222	243	263	284	305	325	346	366	387	408
211	428	449	469	490	510	531	552	572	593	613
212	634	654	675	695	715	736	756	777	797	818
213	838	858	879	899	919	940	960	980	*001	*021
214	33 041	062	082	102	122	143	163	183	203	224
215	244	264	284	304	325	345	365	385	405	425
216	445	465	486	506	526	546	566	586	606	626
217	646	666	686	706	726	746	766	786	806	826
218	846	866	885	905	925	945	965	985	*005	*025
219	34 044	064	084	104	124	143	163	183	203	223
220	242	262	282	301	321	341	361	380	400	420
221	439	459	479	498	518	537	557	577	596	616
222	635	655	674	694	713	733	753	772	792	811
223	830	850	869	889	908	928	947	967	986	*005
224	35 025	044	064	083	102	122	141	160	180	199
225	218	238	257	276	295	315	334	353	372	392
226	411	430	449	468	488	507	526	545	564	583
227	603	622	641	660	679	698	717	736	755	774
228	793	813	832	851	870	889	908	927	946	965
229	984	*003	*021	*040	*059	*078	*097	*116	*135	*154
230	36 173	192	211	229	248	267	286	305	324	342
231	361	380	399	418	436	455	474	493	511	530
232	549	568	586	605	624	642	661	680	698	717
233	736	754	773	791	810	829	847	866	884	903
234	922	940	959	977	996	*014	*033	*051	*070	*088
235	37 107	125	144	162	181	199	218	236	254	273
236	291	310	328	346	365	383	401	420	438	457
237	475	493	511	530	548	566	585	603	621	639
238	658	676	694	712	731	749	767	785	803	822
239	840	858	876	894	912	931	949	967	985	*003
N.	L. 0	1	2	3	4	5	6	7	8	9

P. P.

	21	20	19	18
1	2,1	2,0	1,9	1,8
2	4,2	4,0	3,8	3,6
3	6,3	6,0	5,7	5,4
4	8,4	8,0	7,6	7,2
5	10,5	10,0	9,5	9,0
6	12,6	12,0	11,4	10,8
7	14,7	14,0	13,3	12,6
8	16,8	16,0	15,2	14,4
9	18,9	18,0	17,1	16,2

P. P.

N.	L. 0	1	2	3	4	5	6	7	8	9
240	38 021	039	057	075	093	112	130	148	166	184
241	202	220	238	256	274	292	310	328	346	364
242	382	399	417	435	453	471	489	507	525	543
243	561	578	596	614	632	650	668	686	703	721
244	739	757	775	792	810	828	846	863	881	899
245	917	934	952	970	987	*005	*023	*041	*058	*076
246	39 094	111	129	146	164	182	199	217	235	252
247	270	287	305	322	340	358	375	393	410	428
248	445	463	480	498	515	533	550	568	585	602
249	620	637	655	672	690	707	724	742	759	777
250	794	811	829	846	863	881	898	915	933	950
251	967	985	*002	*019	*037	*054	*071	*088	*106	*123
252	40 140	157	175	192	209	226	243	261	278	295
253	312	329	346	364	381	398	415	432	449	466
254	483	500	518	535	552	569	586	603	620	637
255	654	671	688	705	722	739	756	773	790	807
256	824	841	858	875	892	909	926	943	960	976
257	993	*010	*027	*044	*061	*078	*095	*111	*128	*145
258	41 162	179	196	212	229	246	263	280	296	313
259	330	347	363	380	397	414	430	447	464	481
260	497	514	531	547	564	581	597	614	631	647
261	664	681	697	714	731	747	764	780	797	814
262	830	847	863	880	896	913	929	946	963	979
263	996	*012	*029	*045	*062	*078	*095	*111	*127	*144
264	42 160	177	193	210	226	243	259	275	292	308
265	325	341	357	374	390	406	423	439	455	472
266	488	504	521	537	553	570	586	602	619	635
267	651	667	684	700	716	732	749	765	781	797
268	813	830	846	862	878	894	911	927	943	959
269	975	991	*008	*024	*040	*056	*072	*088	*104	*120
270	43 136	152	169	185	201	217	233	249	265	281
271	297	313	329	345	361	377	393	409	425	441
272	457	473	489	505	521	537	553	569	584	600
273	616	632	648	664	680	696	712	727	743	759
274	775	791	807	823	838	854	870	886	902	917
N.	L. 0	1	2	3	4	5	6	7	8	9

P. P.

	19
1	1,9
2	3,8
3	5,7
4	7,6
5	9,5
6	11,4
7	13,3
8	15,2
9	17,1

	18
1	1,8
2	3,6
3	5,4
4	7,2
5	9,0
6	10,8
7	12,6
8	14,4
9	16,2

	17
1	1,7
2	3,4
3	5,1
4	6,8
5	8,5
6	10,2
7	11,9
8	13,6
9	15,3

	16
1	1,6
2	3,2
3	4,8
4	6,4
5	8,0
6	9,6
7	11,2
8	12,8
9	14,4

P. P.

N.	L.	0	1	2	3	4	5	6	7	8	9	P. P.	
275	43	933	949	965	981	996	*012	*028	*044	*059	*075		16
276	44	091	107	122	138	154	170	185	201	217	232	1	1,6
277		248	264	279	295	311	326	342	358	373	389	2	3,2
278		404	420	436	451	467	483	498	514	529	545	3	4,8
279		560	576	592	607	623	638	654	669	685	700	4	6,4
280		716	731	747	762	778	793	809	824	840	855	5	8,0
281		871	886	902	917	932	948	963	979	994	*010	6	9,6
282	45	025	040	056	071	086	102	117	133	148	163	7	11,2
283		179	194	209	225	240	255	271	286	301	317	8	12,8
284		332	347	362	378	393	408	423	439	454	469	9	14,4
285		484	500	515	530	545	561	576	591	606	621		
286		637	652	667	682	697	712	728	743	758	773		
287		788	803	818	834	849	864	879	894	909	924		
288		939	954	969	984	*000	*015	*030	*045	*060	*075		
289	46	090	105	120	135	150	165	180	195	210	225		15
290		240	255	270	285	300	315	330	345	359	374	1	1,5
291		389	404	419	434	449	464	479	494	509	523	2	3,0
292		538	553	568	583	598	613	627	642	657	672	3	4,5
293		687	702	716	731	746	761	776	790	805	820	4	6,0
294		835	850	864	879	894	909	923	938	953	967	5	7,5
295		982	997	*012	*026	*041	*056	*070	*085	*100	*114	6	9,0
296	47	129	144	159	173	188	202	217	232	246	261	7	10,5
297		276	290	305	319	334	349	363	378	392	407	8	12,0
298		422	436	451	465	480	494	509	524	538	553	9	13,5
299		567	582	596	611	625	640	654	669	683	698		
300		712	727	741	756	770	784	799	813	828	842		14
301		857	871	885	900	914	929	943	958	972	986	1	1,4
302	48	001	015	029	044	058	073	087	101	116	130	2	2,8
303		144	159	173	187	202	216	230	244	259	273	3	4,2
304		287	302	316	330	344	359	373	387	401	416	4	5,6
305		430	444	458	473	487	501	515	530	544	558	5	7,0
306		572	586	601	615	629	643	657	671	686	700	6	8,4
307		714	728	742	756	770	785	799	813	827	841	7	9,8
308		855	869	883	897	911	926	940	954	968	982	8	11,2
309		996	*010	*024	*038	*052	*066	*080	*094	*108	*122	9	12,6
N.	L.	0	1	2	3	4	5	6	7	8	9	P. P.	

N.	L.	0	1	2	3	4	5	6	7	8	9	P. P.
310	49	136	150	164	178	192	206	220	234	248	262	
311		276	290	304	318	332	346	360	374	388	402	
312		415	429	443	457	471	485	499	513	527	541	
313		554	568	582	596	610	624	638	651	665	679	
314		693	707	721	734	748	762	776	790	803	817	
315		831	845	859	872	886	900	914	927	941	955	
316		969	982	996	*010	*024	*037	*051	*065	*079	*092	14
317	50	106	120	133	147	161	174	188	202	215	229	1 1,4
318		243	256	270	284	297	311	325	338	352	365	2 2,8
319		379	393	406	420	433	447	461	474	488	501	3 4,2
320		515	529	542	556	569	583	596	610	623	637	4 5,6
321		651	664	678	691	705	718	732	745	759	772	5 7,0
322		786	799	813	826	840	853	866	880	893	907	6 8,4
323		920	934	947	961	974	987	*001	*014	*028	*041	7 9,8
324	51	055	068	081	095	108	121	135	148	162	175	8 11,2
325		188	202	215	228	242	255	268	282	295	308	9 12,6
326		322	335	348	362	375	388	402	415	428	441	
327		455	468	481	495	508	521	534	548	561	574	
328		587	601	614	627	640	654	667	680	693	706	
329		720	733	746	759	772	786	799	812	825	838	
330		851	865	878	891	904	917	930	943	957	970	
331		983	996	*009	*022	*035	*048	*061	*075	*088	*101	13
332	52	114	127	140	153	166	179	192	205	218	231	1 1,3
333		244	257	270	284	297	310	323	336	349	362	2 2,6
334		375	388	401	414	427	440	453	466	479	492	3 3,9
335		504	517	530	543	556	569	582	595	608	621	4 5,2
336		634	647	660	673	686	699	711	724	737	750	5 6,5
337		763	776	789	802	815	827	840	853	866	879	6 7,8
338		892	905	917	930	943	956	969	982	994	*007	7 9,1
339	53	020	033	046	058	071	084	097	110	122	135	8 10,4
340		148	161	173	186	199	212	224	237	250	263	9 11,7
341		275	288	301	314	326	339	352	364	377	390	
342		403	415	428	441	453	466	479	491	504	517	
343		529	542	555	567	580	593	605	618	631	643	
344		656	668	681	694	706	719	732	744	757	769	
N.	L.	0	1	2	3	4	5	6	7	8	9	P. P.

N.	L.	0	1	2	3	4	5	6	7	8	9
345	53	782	794	807	820	832	845	857	870	882	895
346		908	920	933	945	958	970	983	995	*008	*020
347	54	033	045	058	070	083	095	108	120	133	145
348		158	170	183	195	208	220	233	245	258	270
349		283	295	307	320	332	345	357	370	382	394
350		407	419	432	444	456	469	481	494	506	518
351		531	543	555	568	580	593	605	617	630	642
352		654	667	679	691	704	716	728	741	753	765
353		777	790	802	814	827	839	851	864	876	888
354		900	913	925	937	949	962	974	986	998	*011
355	55	023	035	047	060	072	084	096	108	121	133
356		145	157	169	182	194	206	218	230	242	255
357		267	279	291	303	315	328	340	352	364	376
358		388	400	413	425	437	449	461	473	485	497
359		509	522	534	546	558	570	582	594	606	618
360		630	642	654	666	678	691	703	715	727	739
361		751	763	775	787	799	811	823	835	847	859
362		871	883	895	907	919	931	943	955	967	979
363		991	*003	*015	*027	*038	*050	*062	*074	*086	*098
364	56	110	122	134	146	158	170	182	194	205	217
365		229	241	253	265	277	289	301	312	324	336
366		348	360	372	384	396	407	419	431	443	455
367		467	478	490	502	514	526	538	549	561	573
368		585	597	608	620	632	644	656	667	679	691
369		703	714	726	738	750	761	773	785	797	808
370		820	832	844	855	867	879	891	902	914	926
371		937	949	961	972	984	996	*008	*019	*031	*043
372	57	054	066	078	089	101	113	124	136	148	159
373		171	183	194	206	217	229	241	252	264	276
374		287	299	310	322	334	345	357	368	380	392
375		403	415	426	438	449	461	473	484	496	507
376		519	530	542	553	565	576	588	600	611	623
377		634	646	657	669	680	692	703	715	726	738
378		749	761	772	784	795	807	818	830	841	852
379		864	875	887	898	910	921	933	944	955	967
N.	L.	0	1	2	3	4	5	6	7	8	9

P. P.

	13
1	1,3
2	2,6
3	3,9
4	5,2
5	6,5
6	7,8
7	9,1
8	10,4
9	11,7

	12
1	1,2
2	2,4
3	3,6
4	4,8
5	6,0
6	7,2
7	8,4
8	9,6
9	10,8

	11
1	1,1
2	2,2
3	3,3
4	4,4
5	5,5
6	6,6
7	7,7
8	8,8
9	9,9

P. P.

N.	L. 0	1	2	3	4	5	6	7	8	9
380	57 978	990	*001	*013	*024	*035	*047	*058	*070	*081
381	58 092	104	115	127	138	149	161	172	184	195
382	206	218	229	240	252	263	274	286	297	309
383	320	331	343	354	365	377	388	399	410	422
384	433	444	456	467	478	490	501	512	524	535
385	546	557	569	580	591	602	614	625	636	647
386	659	670	681	692	704	715	726	737	749	760
387	771	782	794	805	816	827	838	850	861	872
388	883	894	906	917	928	939	950	961	973	984
389	995	*006	*017	*028	*040	*051	*062	*073	*084	*095
390	59 106	118	129	140	151	162	173	184	195	207
391	218	229	240	251	262	273	284	295	306	318
392	329	340	351	362	373	384	395	406	417	428
393	439	450	461	472	483	494	506	517	528	539
394	550	561	572	583	594	605	616	627	638	649
395	660	671	682	693	704	715	726	737	748	759
396	770	780	791	802	813	824	835	846	857	868
397	879	890	901	912	923	934	945	956	966	977
398	988	999	*010	*021	*032	*043	*054	*065	*076	*086
399	60 097	108	119	130	141	152	163	173	184	195
400	206	217	228	239	249	260	271	282	293	304
401	314	325	336	347	358	369	379	390	401	412
402	423	433	444	455	466	477	487	498	509	520
403	531	541	552	563	574	584	595	606	617	627
404	638	649	660	670	681	692	703	713	724	735
405	746	756	767	778	788	799	810	821	831	842
406	853	863	874	885	895	906	917	927	938	949
407	959	970	981	991	*002	*013	*023	*034	*045	*055
408	61 066	077	087	098	109	119	130	140	151	162
409	172	183	194	204	215	225	236	247	257	268
410	278	289	300	310	321	331	342	352	363	374
411	384	395	405	416	426	437	448	458	469	479
412	490	500	511	521	532	542	553	563	574	584
413	595	606	616	627	637	648	658	669	679	690
414	700	711	721	731	742	752	763	773	784	794
N.	L. 0	1	2	3	4	5	6	7	8	9

P. P.

	12
1	1,2
2	2,4
3	3,6
4	4,8
5	6,0
6	7,2
7	8,4
8	9,6
9	10,8

	11
1	1,1
2	2,2
3	3,3
4	4,4
5	5,5
6	6,6
7	7,7
8	8,8
9	9,9

P. P.

N.	L.	0	1	2	3	4	5	6	7	8	9	P. P.
415	61	805	815	826	836	847	857	868	878	888	899	11
416		909	920	930	941	951	962	972	982	993	*003	1 1,1
417	62	014	024	034	045	055	066	076	086	097	107	2 2,2
418		118	128	138	149	159	170	180	190	201	211	3 3,3
419		221	232	242	252	263	273	284	294	304	315	4 4,4
420		325	335	346	356	366	377	387	397	408	418	5 5,5
421		428	439	449	459	469	480	490	500	511	521	6 6,6
422		531	542	552	562	572	583	593	603	613	624	7 7,7
423		634	644	655	665	675	685	696	706	716	726	8 8,8
424		737	747	757	767	778	788	798	808	818	829	9 9,9
425		839	849	859	870	880	890	900	910	921	931	
426		941	951	961	972	982	992	*002	*012	*022	*033	
427	63	043	053	063	073	083	094	104	114	124	134	
428		144	155	165	175	185	195	205	215	225	236	
429		246	256	266	276	286	296	306	317	327	337	10
430		347	357	367	377	387	397	407	417	428	438	1 1,0
431		448	458	468	478	488	498	508	518	528	538	2 2,0
432		548	558	568	579	589	599	609	619	629	639	3 3,0
433		649	659	669	679	689	699	709	719	729	739	4 4,0
434		749	759	769	779	789	799	809	819	829	839	5 5,0
435		849	859	869	879	889	899	909	919	929	939	6 6,0
436		949	959	969	979	988	998	*008	*018	*028	*038	7 7,0
437	64	048	058	068	078	088	098	108	118	128	137	8 8,0
438		147	157	167	177	187	197	207	217	227	237	9 9,0
439		246	256	266	276	286	296	306	316	326	335	
440		345	355	365	375	385	395	404	414	424	434	
441		444	454	464	473	483	493	503	513	523	532	9
442		542	552	562	572	582	591	601	611	621	631	1 0,9
443		640	650	660	670	680	689	699	709	719	729	2 1,8
444		738	748	758	768	777	787	797	807	816	826	3 2,7
445		836	846	856	865	875	885	895	904	914	924	4 3,6
446		933	943	953	963	972	982	992	*002	*011	*021	5 4,5
447	65	031	040	050	060	070	079	089	099	108	118	6 5,4 7 6,3
448		128	137	147	157	167	176	186	196	205	215	8 7,2
449		225	234	244	254	263	273	283	292	302	312	9 8,1
N.	L.	0	1	2	3	4	5	6	7	8	9	P. P.

N.	L. 0	1	2	3	4	5	6	7	8	9	P. P.
450	65 321	331	341	350	360	369	379	389	398	408	
451	418	427	437	447	456	466	475	485	495	504	
452	514	523	533	543	552	562	571	581	591	600	
453	610	619	629	639	648	658	667	677	686	696	
454	706	715	725	734	744	753	763	772	782	792	
455	801	811	820	830	839	849	858	868	877	887	
456	896	906	916	925	935	944	954	963	973	982	10
457	992	*001	*011	*020	*030	*039	*049	*058	*068	*077	1 1,0
458	66 087	096	106	115	124	134	143	153	162	172	2 2,0
459	181	191	200	210	219	229	238	247	257	266	3 3,0
460	276	285	295	304	314	323	332	342	351	361	4 4,0
461	370	380	389	398	408	417	427	436	445	455	5 5,0
462	464	474	483	492	502	511	521	530	539	549	6 6,0
463	558	567	577	586	596	605	614	624	633	642	7 7,0
464	652	661	671	680	689	699	708	717	727	736	8 8,0
465	745	755	764	773	783	792	801	811	820	829	9 9,0
466	839	848	857	867	876	885	894	904	913	922	
467	932	941	950	960	969	978	987	997	*006	*015	
468	67 025	034	043	052	062	071	080	089	099	108	
469	117	127	136	145	154	164	173	182	191	201	
470	210	219	228	237	247	256	265	274	284	293	9
471	302	311	321	330	339	348	357	367	376	385	1 0,9
472	394	403	413	422	431	440	449	459	468	477	2 1,8
473	486	495	504	514	523	532	541	550	560	569	3 2,7
474	578	587	596	605	614	624	633	642	651	660	4 3,6
475	669	679	688	697	706	715	724	733	742	752	5 4,5
476	761	770	779	788	797	806	815	825	834	843	6 5,4
477	852	861	870	879	888	897	906	916	925	934	7 6,3
478	943	952	961	970	979	988	997	*006	*015	*024	8 7,2
479	68 034	043	052	061	070	079	088	097	106	115	9 8,1
480	124	133	142	151	160	169	178	187	196	205	
481	215	224	233	242	251	260	269	278	287	296	
482	305	314	323	332	341	350	359	368	377	386	
483	395	404	413	422	431	440	449	458	467	476	
484	485	494	502	511	520	529	538	547	556	565	
N.	L. 0	1	2	3	4	5	6	7	8	9	P. P.

N.	L.	0	1	2	3	4	5	6	7	8	9
485	68	574	583	592	601	610	619	628	637	646	655
486		664	673	681	690	699	708	717	726	735	744
487		753	762	771	780	789	797	806	815	824	833
488		842	851	860	869	878	886	895	904	913	922
489		931	940	949	958	966	975	984	993	*002	*011
490	69	020	028	037	046	055	064	073	082	090	099
491		108	117	126	135	144	152	161	170	179	188
492		197	205	214	223	232	241	249	258	267	276
493		285	294	302	311	320	329	338	346	355	364
494		373	381	390	399	408	417	425	434	443	452
495		461	469	478	487	496	504	513	522	531	539
496		548	557	566	574	583	592	601	609	618	627
497		636	644	653	662	671	679	688	697	705	714
498		723	732	740	749	758	767	775	784	793	801
499		810	819	827	836	845	854	862	871	880	888
500		897	906	914	923	932	940	949	958	966	975
501		984	992	*001	*010	*018	*027	*036	*044	*053	*062
502	70	070	079	088	096	105	114	122	131	140	148
503		157	165	174	183	191	200	209	217	226	234
504		243	252	260	269	278	286	295	303	312	321
505		329	338	346	355	364	372	381	389	398	406
506		415	424	432	441	449	458	467	475	484	492
507		501	509	518	526	535	544	552	561	569	578
508		586	595	603	612	621	629	638	646	655	663
509		672	680	689	697	706	714	723	731	740	749
510		757	766	774	783	791	800	808	817	825	834
511		842	851	859	868	876	885	893	902	910	919
512		927	935	944	952	961	969	978	986	995	*003
513	71	012	020	029	037	046	054	063	071	079	088
514		096	105	113	122	130	139	147	155	164	172
515		181	189	198	206	214	223	231	240	248	257
516		265	273	282	290	299	307	315	324	332	341
517		349	357	366	374	383	391	399	408	416	425
518		433	441	450	458	466	475	483	492	500	508
519		517	525	533	542	550	559	567	575	584	592
N.	L.	0	1	2	3	4	5	6	7	8	9

P. P.

	9
1	0,9
2	1,8
3	2,7
4	3,6
5	4,5
6	5,4
7	6,3
8	7,2
9	8,1

	8
1	0,8
2	1,6
3	2,4
4	3,2
5	4,0
6	4,8
7	5,6
8	6,4
9	7,2

P. P.

N.	L.	0	1	2	3	4	5	6	7	8	9	P. P.
520	71	600	609	617	625	634	642	650	659	667	675	
521		684	692	700	709	717	725	734	742	750	759	
522		767	775	784	792	800	809	817	825	834	842	
523		850	858	867	875	883	892	900	908	917	925	
524		933	941	950	958	966	975	983	991	999	*008	
525	72	016	024	032	041	049	057	066	074	082	090	
526		099	107	115	123	132	140	148	156	165	173	
527		181	189	198	206	214	222	230	239	247	255	
528		263	272	280	288	296	304	313	321	329	337	
529		346	354	362	370	378	387	395	403	411	419	
530		428	436	444	452	460	469	477	485	493	501	
531		509	518	526	534	542	550	558	567	575	583	
532		591	599	607	616	624	632	640	648	656	665	
533		673	681	689	697	705	713	722	730	738	746	
534		754	762	770	779	787	795	803	811	819	827	
535		835	843	852	860	868	876	884	892	900	908	
536		916	925	933	941	949	957	965	973	981	989	
537		997	*006	*014	*022	*030	*038	*046	*054	*062	*070	
538	73	078	086	094	102	111	119	127	135	143	151	
539		159	167	175	183	191	199	207	215	223	231	
540		239	247	255	263	272	280	288	296	304	312	
541		320	328	336	344	352	360	368	376	384	392	
542		400	408	416	424	432	440	448	456	464	472	
543		480	488	496	504	512	520	528	536	544	552	
544		560	568	576	584	592	600	608	616	624	632	
545		640	648	656	664	672	679	687	695	703	711	
546		719	727	735	743	751	759	767	775	783	791	
547		799	807	815	823	830	838	846	854	862	870	
548		878	886	894	902	910	918	926	933	941	949	
549		957	965	973	981	989	997	*005	*013	*020	*028	
550	74	036	044	052	060	068	076	084	092	099	107	
551		115	123	131	139	147	155	162	170	178	186	
552		194	202	210	218	225	233	241	249	257	265	
553		273	280	288	296	304	312	320	327	335	343	
554		351	359	367	374	382	390	398	406	414	421	
N.	L.	0	1	2	3	4	5	6	7	8	9	P. P.

P. P.

	9
1	0,9
2	1,8
3	2,7
4	3,6
5	4,5
6	5,4
7	6,3
8	7,2
9	8,1

	8
1	0,8
2	1,6
3	2,4
4	3,2
5	4,0
6	4,8
7	5,6
8	6,4
9	7,2

N.	L.	0	1	2	3	4	5	6	7	8	9	P. P.
555	74	429	437	445	453	461	468	476	484	492	500	
556		507	515	523	531	539	547	554	562	570	578	
557		586	593	601	609	617	624	632	640	648	656	
558		663	671	679	687	695	702	710	718	726	733	
559		741	749	757	764	772	780	788	796	803	811	
560		819	827	834	842	850	858	865	873	881	889	
561		896	904	912	920	927	935	943	950	958	966	8
562		974	981	989	997	*005	*012	*020	*028	*035	*043	1 0,8
563	75	051	059	066	074	082	089	097	105	113	120	2 1,6
564		128	136	143	151	159	166	174	182	189	197	3 2,4
565		205	213	220	228	236	243	251	259	266	274	4 3,2
566		282	289	297	305	312	320	328	335	343	351	5 4,0
567		358	366	374	381	389	397	404	412	420	427	6 4,8
568		435	442	450	458	465	473	481	488	496	504	7 5,6
569		511	519	526	534	542	549	557	565	572	580	8 6,4
570		587	595	603	610	618	626	633	641	648	656	9 7,2
571		664	671	679	686	694	702	709	717	724	732	
572		740	747	755	762	770	778	785	793	800	808	
573		815	823	831	838	846	853	861	868	876	884	
574		891	899	906	914	921	929	937	944	952	959	
575		967	974	982	989	997	*005	*012	*020	*027	*035	
576	76	042	050	057	065	072	080	087	095	103	110	7
577		118	125	133	140	148	155	163	170	178	185	1 0,7
578		193	200	208	215	223	230	238	245	253	260	2 1,4
579		268	275	283	290	298	305	313	320	328	335	3 2,1
580		343	350	358	365	373	380	388	395	403	410	4 2,8
581		418	425	433	440	448	455	462	470	477	485	5 3,5
582		492	500	507	515	522	530	537	545	552	559	6 4,2
583		567	574	582	589	597	604	612	619	626	634	7 4,9
584		641	649	656	664	671	678	686	693	701	708	8 5,6
585		716	723	730	738	745	753	760	768	775	782	9 6,3
586		790	797	805	812	819	827	834	842	849	856	
587		864	871	879	886	893	901	908	916	923	930	
588		938	945	953	960	967	975	982	989	997	*004	
589	77	012	019	026	034	041	048	056	063	070	078	
N.	L.	0	1	2	3	4	5	6	7	8	9	P. P.

N.	L.	0	1	2	3	4	5	6	7	8	9
590	77	085	093	100	107	115	122	129	137	144	151
591		159	166	173	181	188	195	203	210	217	225
592		232	240	247	254	262	269	276	283	291	298
593		305	313	320	327	335	342	349	357	364	371
594		379	386	393	401	408	415	422	430	437	444
595		452	459	466	474	481	488	495	503	510	517
596		525	532	539	546	554	561	568	576	583	590
597		597	605	612	619	627	634	641	648	656	663
598		670	677	685	692	699	706	714	721	728	735
599		743	750	757	764	772	779	786	793	801	808
600		815	822	830	837	844	851	859	866	873	880
601		887	895	902	909	916	924	931	938	945	952
602		960	967	974	981	988	996	*003	*010	*017	*025
603	78	032	039	046	053	061	068	075	082	089	097
604		104	111	118	125	132	140	147	154	161	168
605		176	183	190	197	204	211	219	226	233	240
606		247	254	262	269	276	283	290	297	305	312
607		319	326	333	340	347	355	362	369	376	383
608		390	398	405	412	419	426	433	440	447	455
609		462	469	476	483	490	497	504	512	519	526
610		533	540	547	554	561	569	576	583	590	597
611		604	611	618	625	633	640	647	654	661	668
612		675	682	689	696	704	711	718	725	732	739
613		746	753	760	767	774	781	789	796	803	810
614		817	824	831	838	845	852	859	866	873	880
615		888	895	902	909	916	923	930	937	944	951
616		958	965	972	979	986	993	*000	*007	*014	*021
617	79	029	036	043	050	057	064	071	078	085	092
618		099	106	113	120	127	134	141	148	155	162
619		169	176	183	190	197	204	211	218	225	232
620		239	246	253	260	267	274	281	288	295	302
621		309	316	323	330	337	344	351	358	365	372
622		379	386	393	400	407	414	421	428	435	442
623		449	456	463	470	477	484	491	498	505	511
624		518	525	532	539	546	553	560	567	574	581
N.	L.	0	1	2	3	4	5	6	7	8	9

P. P.

	8
1	0,8
2	1,6
3	2,4
4	3,2
5	4,0
6	4,8
7	5,6
8	6,4
9	7,2

	7
1	0,7
2	1,4
3	2,1
4	2,8
5	3,5
6	4,2
7	4,9
8	5,6
9	6,3

P. P.

N.	L. 0	1	2	3	4	5	6	7	8	9	P. P.
625	79 588	595	602	609	616	623	630	637	644	650	
626	657	664	671	678	685	692	699	706	713	720	
627	727	734	741	748	754	761	768	775	782	789	
628	796	803	810	817	824	831	837	844	851	858	
629	865	872	879	886	893	900	906	913	920	927	
630	934	941	948	955	962	969	975	982	989	996	
631	80 003	010	017	024	030	037	044	051	058	065	**7**
632	072	079	085	092	099	106	113	120	127	134	1 | 0,7
633	140	147	154	161	168	175	182	188	195	202	2 | 1,4
634	209	216	223	229	236	243	250	257	264	271	3 | 2,1
635	277	284	291	298	305	312	318	325	332	339	4 | 2,8
636	346	353	359	366	373	380	387	393	400	407	5 | 3,5
637	414	421	428	434	441	448	455	462	468	475	6 | 4,2
638	482	489	496	502	509	516	523	530	536	543	7 | 4,9
639	550	557	564	570	577	584	591	598	604	611	8 | 5,6
640	618	625	632	638	645	652	659	665	672	679	9 | 6,3
641	686	693	699	706	713	720	726	733	740	747	
642	754	760	767	774	781	787	794	801	808	814	
643	821	828	835	841	848	855	862	868	875	882	
644	889	895	902	909	916	922	929	936	943	949	
645	956	963	969	976	983	990	996	*003	*010	*017	**6**
646	81 023	030	037	043	050	057	064	070	077	084	1 | 0,6
647	090	097	104	111	117	124	131	137	144	151	2 | 1,2
648	158	164	171	178	184	191	198	204	211	218	3 | 1,8
649	224	231	238	245	251	258	265	271	278	285	4 | 2,4
650	291	298	305	311	318	325	331	338	345	351	5 | 3,0
651	358	365	371	378	385	391	398	405	411	418	6 | 3,6
652	425	431	438	445	451	458	465	471	478	485	7 | 4,2
653	491	498	505	511	518	525	531	538	544	551	8 | 4,8
654	558	564	571	578	584	591	598	604	611	617	9 | 5,4
655	624	631	637	644	651	657	664	671	677	684	
656	690	697	704	710	717	723	730	737	743	750	
657	757	763	770	776	783	790	796	803	809	816	
658	823	829	836	842	849	856	862	869	875	882	
659	889	895	902	908	915	921	928	935	941	948	
N.	L. 0	1	2	3	4	5	6	7	8	9	P. P.

N.	L. 0	1	2	3	4	5	6	7	8	9
660	81 954	961	968	974	981	987	994	*000	*007	*014
661	82 020	027	033	040	046	053	060	066	073	079
662	086	092	099	105	112	119	125	132	138	145
663	151	158	164	171	178	184	191	197	204	210
664	217	223	230	236	243	249	256	263	269	276
665	282	289	295	302	308	315	321	328	334	341
666	347	354	360	367	373	380	387	393	400	406
667	413	419	426	432	439	445	452	458	465	471
668	478	484	491	497	504	510	517	523	530	536
669	543	549	556	562	569	575	582	588	595	601
670	607	614	620	627	633	640	646	653	659	666
671	672	679	685	692	698	705	711	718	724	730
672	737	743	750	756	763	769	776	782	789	795
673	802	808	814	821	827	834	840	847	853	860
674	866	872	879	885	892	898	905	911	918	924
675	930	937	943	950	956	963	969	975	982	988
676	995	*001	*008	*014	*020	*027	*033	*040	*046	*052
677	83 059	065	072	078	085	091	097	104	110	117
678	123	129	136	142	149	155	161	168	174	181
679	187	193	200	206	213	219	225	232	238	245
680	251	257	264	270	276	283	289	296	302	308
681	315	321	327	334	340	347	353	359	366	372
682	378	385	391	398	404	410	417	423	429	436
683	442	448	455	461	467	474	480	487	493	499
684	506	512	518	525	531	537	544	550	556	563
685	569	575	582	588	594	601	607	613	620	626
686	632	639	645	651	658	664	670	677	683	689
687	696	702	708	715	721	727	734	740	746	753
688	759	765	771	778	784	790	797	803	809	816
689	822	828	835	841	847	853	860	866	872	879
690	885	891	897	904	910	916	923	929	935	942
691	948	954	960	967	973	979	985	992	998	*004
692	84 011	017	023	029	036	042	048	055	061	067
693	073	080	086	092	098	105	111	117	123	130
694	136	142	148	155	161	167	173	180	186	192
N.	L. 0	1	2	3	4	5	6	7	8	9

P. P.

	7
1	0,7
2	1,4
3	2,1
4	2,8
5	3,5
6	4,2
7	4,9
8	5,6
9	6,3

	6
1	0,6
2	1,2
3	1,8
4	2,4
5	3,0
6	3,6
7	4,2
8	4,8
9	5,4

N.	L. 0	1	2	3	4	5	6	7	8	9
695	84 198	205	211	217	223	230	236	242	248	255
696	261	267	273	280	286	292	298	305	311	317
697	323	330	336	342	348	354	361	367	373	379
698	386	392	398	404	410	417	423	429	435	442
699	448	454	460	466	473	479	485	491	497	504
700	510	516	522	528	535	541	547	553	559	566
701	572	578	584	590	597	603	609	615	621	628
702	634	640	646	652	658	665	671	677	683	689
703	696	702	708	714	720	726	733	739	745	751
704	757	763	770	776	782	788	794	800	807	813
705	819	825	831	837	844	850	856	862	868	874
706	880	887	893	899	905	911	917	924	930	936
707	942	948	954	960	967	973	979	985	991	997
708	85 003	009	016	022	028	034	040	046	052	058
709	065	071	077	083	089	095	101	107	114	120
710	126	132	138	144	150	156	163	169	175	181
711	187	193	199	205	211	217	224	230	236	242
712	248	254	260	266	272	278	285	291	297	303
713	309	315	321	327	333	339	345	352	358	364
714	370	376	382	388	394	400	406	412	418	425
715	431	437	443	449	455	461	467	473	479	485
716	491	497	503	509	516	522	528	534	540	546
717	552	558	564	570	576	582	588	594	600	606
718	612	618	625	631	637	643	649	655	661	667
719	673	679	685	691	697	703	709	715	721	727
720	733	739	745	751	757	763	769	775	781	788
721	794	800	806	812	818	824	830	836	842	848
722	854	860	866	872	878	884	890	896	902	908
723	914	920	926	932	938	944	950	956	962	968
724	974	980	986	992	998	*004	*010	*016	*022	*028
725	86 034	040	046	052	058	064	070	076	082	088
726	094	100	106	112	118	124	130	136	141	147
727	153	159	165	171	177	183	189	195	201	207
728	213	219	225	231	237	243	249	255	261	267
729	273	279	285	291	297	303	308	314	320	326
N.	L. 0	1	2	3	4	5	6	7	8	9

P. P.

	6
1	0,6
2	1,2
3	1,8
4	2,4
5	3,0
6	3,6
7	4,2
8	4,8
9	5,4

	5
1	0,5
2	1,0
3	1,5
4	2,0
5	2,5
6	3,0
7	3,5
8	4,0
9	4,5

N.	L. 0	1	2	3	4	5	6	7	8	9
730	86 332	338	344	350	356	362	368	374	380	386
731	392	398	404	410	415	421	427	433	439	445
732	451	457	463	469	475	481	487	493	499	504
733	510	516	522	528	534	540	546	552	558	564
734	570	576	581	587	593	599	605	611	617	623
735	629	635	641	646	652	658	664	670	676	682
736	688	694	700	705	711	717	723	729	735	741
737	747	753	759	764	770	776	782	788	794	800
738	806	812	817	823	829	835	841	847	853	859
739	864	870	876	882	888	894	900	906	911	917
740	923	929	935	941	947	953	958	964	970	976
741	982	988	994	999	*005	*011	*017	*023	*029	*035
742	87 040	046	052	058	064	070	075	081	087	093
743	099	105	111	116	122	128	134	140	146	151
744	157	163	169	175	181	186	192	198	204	210
745	216	221	227	233	239	245	251	256	262	268
746	274	280	286	291	297	303	309	315	320	326
747	332	338	344	349	355	361	367	373	379	384
748	390	396	402	408	413	419	425	431	437	442
749	448	454	460	466	471	477	483	489	495	500
750	506	512	518	523	529	535	541	547	552	558
751	564	570	576	581	587	593	599	604	610	616
752	622	628	633	639	645	651	656	662	668	674
753	679	685	691	697	703	708	714	720	726	731
754	737	743	749	754	760	766	772	777	783	789
755	795	800	806	812	818	823	829	835	841	846
756	852	858	864	869	875	881	887	892	898	904
757	910	915	921	927	933	938	944	950	955	961
758	967	973	978	984	990	996	*001	*007	*013	*018
759	88 024	030	036	041	047	053	058	064	070	076
760	081	087	093	098	104	110	116	121	127	133
761	138	144	150	156	161	167	173	178	184	190
762	195	201	207	213	218	224	230	235	241	247
763	252	258	264	270	275	281	287	292	298	304
764	309	315	321	326	332	338	343	349	355	360
N.	L. 0	1	2	3	4	5	6	7	8	9

P. P.

	6
1	0,6
2	1,2
3	1,8
4	2,4
5	3,0
6	3,6
7	4,2
8	4,8
9	5,4

	5
1	0,5
2	1,0
3	1,5
4	2,0
5	2,5
6	3,0
7	3,5
8	4,0
9	4,5

P. P.

N.	L. 0	1	2	3	4	5	6	7	8	9	P. P.
765	88 366	372	377	383	389	395	400	406	412	417	
766	423	429	434	440	446	451	457	463	468	474	
767	480	485	491	497	502	508	513	519	525	530	
768	536	542	547	553	559	564	570	576	581	587	
769	593	598	604	610	615	621	627	632	638	643	
770	649	655	660	666	672	677	683	689	694	700	
771	705	711	717	722	728	734	739	745	750	756	6
772	762	767	773	779	784	790	795	801	807	812	1 | 0,6
773	818	824	829	835	840	846	852	857	863	868	2 | 1,2
774	874	880	885	891	897	902	908	913	919	925	3 | 1,8
775	930	936	941	947	953	958	964	969	975	981	4 | 2,4
776	986	992	997	*003	*009	*014	*020	*025	*031	*037	5 | 3,0
777	89 042	048	053	059	064	070	076	081	087	092	6 | 3,6
778	098	104	109	115	120	126	131	137	143	148	7 | 4,2
779	154	159	165	170	176	182	187	193	198	204	8 | 4,8
780	209	215	221	226	232	237	243	248	254	260	9 | 5,4
781	265	271	276	282	287	293	298	304	310	315	
782	321	326	332	337	343	348	354	360	365	371	
783	376	382	387	393	398	404	409	415	421	426	
784	432	437	443	448	454	459	465	470	476	481	
785	487	492	498	504	509	515	520	526	531	537	
786	542	548	553	559	564	570	575	581	586	592	5
787	597	603	609	614	620	625	631	636	642	647	1 | 0,5
788	653	658	664	669	675	680	686	691	697	702	2 | 1,0
789	708	713	719	724	730	735	741	746	752	757	3 | 1,5
790	763	768	774	779	785	790	796	801	807	812	4 | 2,0
791	818	823	829	834	840	845	851	856	862	867	5 | 2,5
792	873	878	883	889	894	900	905	911	916	922	6 | 3,0
793	927	933	938	944	949	955	960	966	971	977	7 | 3,5
794	982	988	993	998	*004	*009	*015	*020	*026	*031	8 | 4,0
795	90 037	042	048	053	059	064	069	075	080	086	9 | 4,5
796	091	097	102	108	113	119	124	129	135	140	
797	146	151	157	162	168	173	179	184	189	195	
798	200	206	211	217	222	227	233	238	244	249	
799	255	260	266	271	276	282	287	293	298	304	
N.	L. 0	1	2	3	4	5	6	7	8	9	P. P.

N.	L. 0	1	2	3	4	5	6	7	8	9
800	90 309	314	320	325	331	336	342	347	352	358
801	363	369	374	380	385	390	396	401	407	412
802	417	423	428	434	439	445	450	455	461	466
803	472	477	482	488	493	499	504	509	515	520
804	526	531	536	542	547	553	558	563	569	574
805	580	585	590	596	601	607	612	617	623	628
806	634	639	644	650	655	660	666	671	677	682
807	687	693	698	703	709	714	720	725	730	736
808	741	747	752	757	763	768	773	779	784	789
809	795	800	806	811	816	822	827	832	838	843
810	849	854	859	865	870	875	881	886	891	897
811	902	907	913	918	924	929	934	940	945	950
812	956	961	966	972	977	982	988	993	998	*004
813	91 009	014	020	025	030	036	041	046	052	057
814	062	068	073	078	084	089	094	100	105	110
815	116	121	126	132	137	142	148	153	158	164
816	169	174	180	185	190	196	201	206	212	217
817	222	228	233	238	243	249	254	259	265	270
818	275	281	286	291	297	302	307	312	318	323
819	328	334	339	344	350	355	360	365	371	376
820	381	387	392	397	403	408	413	418	424	429
821	434	440	445	450	455	461	466	471	477	482
822	487	492	498	503	508	514	519	524	529	535
823	540	545	551	556	561	566	572	577	582	587
824	593	598	603	609	614	619	624	630	635	640
825	645	651	656	661	666	672	677	682	687	693
826	698	703	709	714	719	724	730	735	740	745
827	751	756	761	766	772	777	782	787	793	798
828	803	808	814	819	824	829	834	840	845	850
829	855	861	866	871	876	882	887	892	897	903
830	908	913	918	924	929	934	939	944	950	955
831	960	965	971	976	981	986	991	997	*002	*007
832	92 012	018	023	028	033	038	044	049	054	059
833	065	070	075	080	085	091	096	101	106	111
834	117	122	127	132	137	143	148	153	158	163
N.	L. 0	1	2	3	4	5	6	7	8	9

P. P.

	6
1	0,6
2	1,2
3	1,8
4	2,4
5	3,0
6	3,6
7	4,2
8	4,8
9	5,4

	5
1	0,5
2	1,0
3	1,5
4	2,0
5	2,5
6	3,0
7	3,5
8	4,0
9	4,5

P. P.

N.	L. 0	1	2	3	4	5	6	7	8	9
835	92 169	174	179	184	189	195	200	205	210	215
836	221	226	231	236	241	247	252	257	262	267
837	273	278	283	288	293	298	304	309	314	319
838	324	330	335	340	345	350	355	361	366	371
839	376	381	387	392	397	402	407	412	418	423
840	428	433	438	443	449	454	459	464	469	474
841	480	485	490	495	500	505	511	516	521	526
842	531	536	542	547	552	557	562	567	572	578
843	583	588	593	598	603	609	614	619	624	629
844	634	639	645	650	655	660	665	670	675	681
845	686	691	696	701	706	711	716	722	727	732
846	737	742	747	752	758	763	768	773	778	783
847	788	793	799	804	809	814	819	824	829	834
848	840	845	850	855	860	865	870	875	881	886
849	891	896	901	906	911	916	921	927	932	937
850	942	947	952	957	962	967	973	978	983	988
851	993	998	*003	*008	*013	*018	*024	*029	*034	*039
852	93 044	049	054	059	064	069	075	080	085	090
853	095	100	105	110	115	120	125	131	136	141
854	146	151	156	161	166	171	176	181	186	192
855	197	202	207	212	217	222	227	232	237	242
856	247	252	258	263	268	273	278	283	288	293
857	298	303	308	313	318	323	328	334	339	344
858	349	354	359	364	369	374	379	384	389	394
859	399	404	409	414	420	425	430	435	440	445
860	450	455	460	465	470	475	480	485	490	495
861	500	505	510	515	520	526	531	536	541	546
862	551	556	561	566	571	576	581	586	591	596
863	601	606	611	616	621	626	631	636	641	646
864	651	656	661	666	671	676	682	687	692	697
865	702	707	712	717	722	727	732	737	742	747
866	752	757	762	767	772	777	782	787	792	797
867	802	807	812	817	822	827	832	837	842	847
868	852	857	862	867	872	877	882	887	892	897
869	902	907	912	917	922	927	932	937	942	947
N.	L. 0	1	2	3	4	5	6	7	8	9

P. P.

	6
1	0,6
2	1,2
3	1,8
4	2,4
5	3,0
6	3,6
7	4,2
8	4,8
9	5,4

	5
1	0,5
2	1,0
3	1,5
4	2,0
5	2,5
6	3,0
7	3,5
8	4,0
9	4,5

P. P.

N.	L. 0	1	2	3	4	5	6	7	8	9	P. P.
870	93 952	957	962	967	972	977	982	987	992	997	
871	94 002	007	012	017	022	027	032	037	042	047	
872	052	057	062	067	072	077	082	086	091	096	
873	101	106	111	116	121	126	131	136	141	146	
874	151	156	161	166	171	176	181	186	191	196	
875	201	206	211	216	221	226	231	236	240	245	
876	250	255	260	265	270	275	280	285	290	295	5
877	300	305	310	315	320	325	330	335	340	345	1 | 0,5
878	349	354	359	364	369	374	379	384	389	394	2 | 1,0
879	399	404	409	414	419	424	429	433	438	443	3 | 1,5
880	448	453	458	463	468	473	478	483	488	493	4 | 2,0
881	498	503	507	512	517	522	527	532	537	542	5 | 2,5
882	547	552	557	562	567	571	576	581	586	591	6 | 3,0
883	596	601	606	611	616	621	626	630	635	640	7 | 3,5
884	645	650	655	660	665	670	675	680	685	689	8 | 4,0
885	694	699	704	709	714	719	724	729	734	738	9 | 4,5
886	743	748	753	758	763	768	773	778	783	787	
887	792	797	802	807	812	817	822	827	832	836	
888	841	846	851	856	861	866	871	876	880	885	
889	890	895	900	905	910	915	919	924	929	934	
890	939	944	949	954	959	963	968	973	978	983	
891	988	993	998	*002	*007	*012	*017	*022	*027	*032	4
892	95 036	041	046	051	056	061	066	071	075	080	1 | 0,4
893	085	090	095	100	105	109	114	119	124	129	2 | 0,8
894	134	139	143	148	153	158	163	168	173	177	3 | 1,2
895	182	187	192	197	202	207	211	216	221	226	4 | 1,6
896	231	236	240	245	250	255	260	265	270	274	5 | 2,0
897	279	284	289	294	299	303	308	313	318	323	6 | 2,4
898	328	332	337	342	347	352	357	361	366	371	7 | 2,8
899	376	381	386	390	395	400	405	410	415	419	8 | 3,2
900	424	429	434	439	444	448	453	458	463	468	9 | 3,6
901	472	477	482	487	492	497	501	506	511	516	
902	521	525	530	535	540	545	550	554	559	564	
903	569	574	578	583	588	593	598	602	607	612	
904	617	622	626	631	636	641	646	650	655	660	
N.	L. 0	1	2	3	4	5	6	7	8	9	P. P.

N.	L. 0	1	2	3	4	5	6	7	8	9	P. P.
905	95 665	670	674	679	684	689	694	698	703	708	
906	713	718	722	727	732	737	742	746	751	756	
907	761	766	770	775	780	785	789	794	799	804	
908	809	813	818	823	828	832	837	842	847	852	
909	856	861	866	871	875	880	885	890	895	899	
910	904	909	914	918	923	928	933	938	942	947	
911	952	957	961	966	971	976	980	985	990	995	5
912	999	*004	*009	*014	*019	*023	*028	*033	*038	*042	1 | 0,5
913	96 047	052	057	061	066	071	076	080	085	090	2 | 1,0
914	095	099	104	109	114	118	123	128	133	137	3 | 1,5
915	142	147	152	156	161	166	171	175	180	185	4 | 2,0
916	190	194	199	204	209	213	218	223	227	232	5 | 2,5
917	237	242	246	251	256	261	265	270	275	280	6 | 3,0
918	284	289	294	298	303	308	313	317	322	327	7 | 3,5
919	332	336	341	346	350	355	360	365	369	374	8 | 4,0
920	379	384	388	393	398	402	407	412	417	421	9 | 4,5
921	426	431	435	440	445	450	454	459	464	468	
922	473	478	483	487	492	497	501	506	511	515	
923	520	525	530	534	539	544	548	553	558	562	
924	567	572	577	581	586	591	595	600	605	609	
925	614	619	624	628	633	638	642	647	652	656	4
926	661	666	670	675	680	685	689	694	699	703	1 | 0,4
927	708	713	717	722	727	731	736	741	745	750	2 | 0,8
928	755	759	764	769	774	778	783	788	792	797	3 | 1,2
929	802	806	811	816	820	825	830	834	839	844	4 | 1,6
930	848	853	858	862	867	872	876	881	886	890	5 | 2,0
931	895	900	904	909	914	918	923	928	932	937	6 | 2,4
932	942	946	951	956	960	965	970	974	979	984	7 | 2,8
933	988	993	997	*002	*007	*011	*016	*021	*025	*030	8 | 3,2
934	97 035	039	044	049	053	058	063	067	072	077	9 | 3,6
935	081	086	090	095	100	104	109	114	118	123	
936	128	132	137	142	146	151	155	160	165	169	
937	174	179	183	188	192	197	202	206	211	216	
938	220	225	230	234	239	243	248	253	257	262	
939	267	271	276	280	285	290	294	299	304	308	
N.	L. 0	1	2	3	4	5	6	7	8	9	P. P.

N.	L. 0	1	2	3	4	5	6	7	8	9
940	97 313	317	322	327	331	336	340	345	350	354
941	359	364	368	373	377	382	387	391	396	400
942	405	410	414	419	424	428	433	437	442	447
943	451	456	460	465	470	474	479	483	488	493
944	497	502	506	511	516	520	525	529	534	539
945	543	548	552	557	562	566	571	575	580	585
946	589	594	598	603	607	612	617	621	626	630
947	635	640	644	649	653	658	663	667	672	676
948	681	685	690	695	699	704	708	713	717	722
949	727	731	736	740	745	749	754	759	763	768
950	772	777	782	786	791	795	800	804	809	813
951	818	823	827	832	836	841	845	850	855	859
952	864	868	873	877	882	886	891	896	900	905
953	909	914	918	923	928	932	937	941	946	950
954	955	959	964	968	973	978	982	987	991	996
955	98 000	005	009	014	019	023	028	032	037	041
956	046	050	055	059	064	068	073	078	082	087
957	091	096	100	105	109	114	118	123	127	132
958	137	141	146	150	155	159	164	168	173	177
959	182	186	191	195	200	204	209	214	218	223
960	227	232	236	241	245	250	254	259	263	268
961	272	277	281	286	290	295	299	304	308	313
962	318	322	327	331	336	340	345	349	354	358
963	363	367	372	376	381	385	390	394	399	403
964	408	412	417	421	426	430	435	439	444	448
965	453	457	462	466	471	475	480	484	489	493
966	498	502	507	511	516	520	525	529	534	538
967	543	547	552	556	561	565	570	574	579	583
968	588	592	597	601	605	610	614	619	623	628
969	632	637	641	646	650	655	659	664	668	673
970	677	682	686	691	695	700	704	709	713	717
971	722	726	731	735	740	744	749	753	758	762
972	767	771	776	780	784	789	793	798	802	807
973	811	816	820	825	829	834	838	843	847	851
974	856	860	865	869	874	878	883	887	892	896
N.	L. 0	1	2	3	4	5	6	7	8	9

P. P.

	5
1	0,5
2	1,0
3	1,5
4	2,0
5	2,5
6	3,0
7	3,5
8	4,0
9	4,5

	4
1	0,4
2	0,8
3	1,2
4	1,6
5	2,0
6	2,4
7	2,8
8	3,2
9	3,6

P. P.

N.	L. 0	1	2	3	4	5	6	7	8	9
975	98 900	905	909	914	918	923	927	932	936	941
976	945	949	954	958	963	967	972	976	981	985
977	989	994	998	*003	*007	*012	*016	*021	*025	*029
978	99 034	038	043	047	052	056	061	065	069	074
979	078	083	087	092	096	100	105	109	114	118
980	123	127	131	136	140	145	149	154	158	162
981	167	171	176	180	185	189	193	198	202	207
982	211	216	220	224	229	233	238	242	247	251
983	255	260	264	269	273	277	282	286	291	295
984	300	304	308	313	317	322	326	330	335	339
985	344	348	352	357	361	366	370	374	379	383
986	388	392	396	401	405	410	414	419	423	427
987	432	436	441	445	449	454	458	463	467	471
988	476	480	484	489	493	498	502	506	511	515
989	520	524	528	533	537	542	546	550	555	559
990	564	568	572	577	581	585	590	594	599	603
991	607	612	616	621	625	629	634	638	642	647
992	651	656	660	664	669	673	677	682	686	691
993	695	699	704	708	712	717	721	726	730	734
994	739	743	747	752	756	760	765	769	774	778
995	782	787	791	795	800	804	808	813	817	822
996	826	830	835	839	843	848	852	856	861	865
997	870	874	878	883	887	891	896	900	904	909
998	913	917	922	926	930	935	939	944	948	952
999	957	961	965	970	974	978	983	987	991	996
N.	L. 0	1	2	3	4	5	6	7	8	9

P. P.

	5
1	0,5
2	1,0
3	1,5
4	2,0
5	2,5
6	3,0
7	3,5
8	4,0
9	4,5

	4
1	0,4
2	0,8
3	1,2
4	1,6
5	2,0
6	2,4
7	2,8
8	3,2
9	3,6

P. P.

N.	0	1	2	3	4	5	6	7	8	9
10	0000	0043	0086	0128	0170	0212	0253	0294	0334	0374
11	0414	0453	0492	0531	0569	0607	0645	0682	0719	0755
12	0792	0828	0864	0899	0934	0969	1004	1038	1072	1106
13	1139	1173	1206	1239	1271	1303	1335	1367	1399	1430
14	1461	1492	1523	1553	1584	1614	1644	1673	1703	1732
15	1761	1790	1818	1847	1875	1903	1931	1959	1987	2014
16	2041	2068	2095	2122	2148	2175	2201	2227	2253	2279
17	2304	2330	2355	2380	2405	2430	2455	2480	2504	2529
18	2553	2577	2601	2625	2648	2672	2695	2718	2742	2765
19	2788	2810	2833	2856	2878	2900	2923	2945	2967	2989
20	3010	3032	3054	3075	3096	3118	3139	3160	3181	3201
21	3222	3243	3263	3284	3304	3324	3345	3365	3385	3404
22	3424	3444	3464	3483	3502	3522	3541	3560	3579	3598
23	3617	3636	3655	3674	3692	3711	3729	3747	3766	3784
24	3802	3820	3838	3856	3874	3892	3909	3927	3945	3962
25	3979	3997	4014	4031	4048	4065	4082	4099	4116	4133
26	4150	4166	4183	4200	4216	4232	4249	4265	4281	4298
27	4314	4330	4346	4362	4378	4393	4409	4425	4440	4456
28	4472	4487	4502	4518	4533	4548	4564	4579	4594	4609
29	4624	4639	4654	4669	4683	4698	4713	4728	4742	4757
30	4771	4786	4800	4814	4829	4843	4857	4871	4886	4900
31	4914	4928	4942	4955	4969	4983	4997	5011	5024	5038
32	5051	5065	5079	5092	5105	5119	5132	5145	5159	5172
33	5185	5198	5211	5224	5237	5250	5263	5276	5289	5302
34	5315	5328	5340	5353	5366	5378	5391	5403	5416	5428
35	5441	5453	5465	5478	5490	5502	5514	5527	5539	5551
36	5563	5575	5587	5599	5611	5623	5635	5647	5658	5670
37	5682	5694	5705	5717	5729	5740	5752	5763	5775	5786
38	5798	5809	5821	5832	5843	5855	5866	5877	5888	5899
39	5911	5922	5933	5944	5955	5966	5977	5988	5999	6010
40	6021	6031	6042	6053	6064	6075	6085	6096	6107	6117
41	6128	6138	6149	6160	6170	6180	6191	6201	6212	6222
42	6232	6243	6253	6263	6274	6284	6294	6304	6314	6325
43	6335	6345	6355	6365	6375	6385	6395	6405	6415	6425
44	6435	6444	6454	6464	6474	6484	6493	6503	6513	6522
45	6532	6542	6551	6561	6571	6580	6590	6599	6609	6618
46	6628	6637	6646	6656	6665	6675	6684	6693	6702	6712
47	6721	6730	6739	6749	6758	6767	6776	6785	6794	6803
48	6812	6821	6830	6839	6848	6857	6866	6875	6884	6893
49	6902	6911	6920	6928	6937	6946	6955	6964	6972	6981
50	6990	6998	7007	7016	7024	7033	7042	7050	7059	7067
51	7076	7084	7093	7101	7110	7118	7126	7135	7143	7152
52	7160	7168	7177	7185	7193	7202	7210	7218	7226	7235
53	7243	7251	7259	7267	7275	7284	7292	7300	7308	7316
54	7324	7332	7340	7348	7356	7364	7372	7380	7388	7396
	0	1	2	3	4	5	6	7	8	9

P. P.

	43	42	41	39
1	4	4	4	4
2	9	8	8	8
3	13	13	12	12
4	17	17	16	16
5	22	21	21	20
6	26	25	25	23
7	30	29	29	27
8	34	34	33	31
9	39	38	37	35

	38	37	36	35
1	4	4	4	4
2	8	7	7	7
3	11	11	11	11
4	15	15	14	14
5	19	19	18	18
6	23	22	22	21
7	27	26	25	25
8	30	30	29	28
9	34	33	32	32

	34	33	32	31
1	3	3	3	3
2	7	7	6	6
3	10	10	10	9
4	14	13	13	12
5	17	17	16	16
6	20	20	19	19
7	24	23	22	22
8	27	26	26	25
9	31	30	29	28

	29	28	27	26
1	3	3	3	3
2	6	6	5	5
3	9	8	8	8
4	12	11	11	10
5	15	14	14	13
6	17	17	16	16
7	20	20	19	18
8	23	22	22	21
9	26	25	24	23

P P.

N.	0	1	2	3	4	5	6	7	8	9
55	7404	7412	7419	7427	7435	7443	7451	7459	7466	7474
56	7482	7490	7497	7505	7513	7520	7528	7536	7543	7551
57	7559	7566	7574	7582	7589	7597	7604	7612	7619	7627
58	7634	7642	7649	7657	7664	7672	7679	7686	7694	7701
59	7709	7716	7723	7731	7738	7745	7752	7760	7767	7774
60	7782	7789	7796	7803	7810	7818	7825	7832	7839	7846
61	7853	7860	7868	7875	7882	7889	7896	7903	7910	7917
62	7924	7931	7938	7945	7952	7959	7966	7973	7980	7987
63	7993	8000	8007	8014	8021	8028	8035	8041	8048	8055
64	8062	8069	8075	8082	8089	8096	8102	8109	8116	8122
65	8129	8136	8142	8149	8156	8162	8169	8176	8182	8189
66	8195	8202	8209	8215	8222	8228	8235	8241	8248	8254
67	8261	8267	8274	8280	8287	8293	8299	8306	8312	8319
68	8325	8331	8338	8344	8351	8357	8363	8370	8376	8382
69	8388	8395	8401	8407	8414	8420	8426	8432	8439	8445
70	8451	8457	8463	8470	8476	8482	8488	8494	8500	8506
71	8513	8519	8525	8531	8537	8543	8549	8555	8561	8567
72	8573	8579	8585	8591	8597	8603	8609	8615	8621	8627
73	8633	8639	8645	8651	8657	8663	8669	8675	8681	8686
74	8692	8698	8704	8710	8716	8722	8727	8733	8739	8745
75	8751	8756	8762	8768	8774	8779	8785	8791	8797	8802
76	8808	8814	8820	8825	8831	8837	8842	8848	8854	8859
77	8865	8871	8876	8882	8887	8893	8899	8904	8910	8915
78	8921	8927	8932	8938	8943	8949	8954	8960	8965	8971
79	8976	8982	8987	8993	8998	9004	9009	9015	9020	9025
80	9031	9036	9042	9047	9053	9058	9063	9069	9074	9079
81	9085	9090	9096	9101	9106	9112	9117	9122	9128	9133
82	9138	9143	9149	9154	9159	9165	9170	9175	9180	9186
83	9191	9196	9201	9206	9212	9217	9222	9227	9232	9238
84	9243	9248	9253	9258	9263	9269	9274	9279	9284	9289
85	9294	9299	9304	9309	9315	9320	9325	9330	9335	9340
86	9345	9350	9355	9360	9365	9370	9375	9380	9385	9390
87	9395	9400	9405	9410	9415	9420	9425	9430	9435	9440
88	9445	9450	9455	9460	9465	9469	9474	9479	9484	9489
89	9494	9499	9504	9509	9513	9518	9523	9528	9533	9538
90	9542	9547	9552	9557	9562	9566	9571	9576	9581	9586
91	9590	9595	9600	9605	9609	9614	9619	9624	9628	9633
92	9638	9643	9647	9652	9657	9661	9666	9671	9675	9680
93	9685	9689	9694	9699	9703	9708	9713	9717	9722	9727
94	9731	9736	9741	9745	9750	9754	9759	9763	9768	9773
95	9777	9782	9786	9791	9795	9800	9805	9809	9814	9818
96	9823	9827	9832	9836	9841	9845	9850	9854	9859	9863
97	9868	9872	9877	9881	9886	9890	9894	9899	9903	9908
98	9912	9917	9921	9926	9930	9934	9939	9943	9948	9952
99	9956	9961	9965	9969	9974	9978	9983	9987	9991	9996
	0	1	2	3	4	5	6	7	8	9

P. P.

	25	24	23	22
1	3	2	2	2
2	5	5	5	4
3	8	7	7	7
4	10	10	9	9
5	13	12	12	11
6	15	14	14	13
7	18	17	16	15
8	20	19	18	18
9	23	22	31	20

	21	19	18	17
1	2	2	2	2
2	4	4	4	3
5	6	6	5	5
4	8	8	7	7
5	10	10	9	9
6	13	11	11	10
7	15	13	13	12
8	17	15	14	14
9	19	17	16	15

	16	15	14	13
1	2	2	1	1
2	3	3	3	3
3	5	5	4	4
4	6	6	6	5
5	8	8	7	7
6	10	9	8	8
7	11	11	10	9
8	13	12	11	10
9	14	14	13	12

	12	11	9	8
1	1	1	1	1
2	2	2	2	2
3	4	3	3	2
4	5	4	4	3
5	6	6	5	4
6	7	7	5	5
7	8	8	6	6
8	10	9	7	6
9	11	10	8	7

P. P.

Antilogarithmen.

Log	0	1	2	3	4	5	6	7	8	9
·00	1000	1002	1005	1007	1009	1012	1014	1016	1019	1021
·01	1023	1026	1028	1030	1033	1035	1038	1040	1042	1045
·02	1047	1050	1052	1054	1057	1059	1062	1064	1067	1069
·03	1072	1074	1076	1079	1081	1084	1086	1089	1091	1094
·04	1096	1099	1102	1104	1107	1109	1112	1114	1117	1119
·05	1122	1125	1127	1130	1132	1135	1138	1140	1143	1146
·06	1148	1151	1153	1156	1159	1161	1164	1167	1169	1172
·07	1175	1178	1180	1183	1186	1189	1191	1194	1197	1199
·08	1202	1205	1208	1211	1213	1216	1219	1222	1225	1227
·09	1230	1233	1236	1239	1242	1245	1247	1250	1253	1256
·10	1259	1262	1265	1268	1271	1274	1276	1279	1282	1285
·11	1288	1291	1294	1297	1300	1303	1306	1309	1312	1315
·12	1318	1321	1324	1327	1330	1334	1337	1340	1343	1346
·13	1349	1352	1355	1358	1361	1365	1368	1371	1374	1377
·14	1380	1384	1387	1390	1393	1396	1400	1403	1406	1409
·15	1413	1416	1419	1422	1426	1429	1432	1435	1439	1442
·16	1445	1449	1452	1455	1459	1462	1466	1469	1472	1476
·17	1479	1483	1486	1489	1493	1496	1500	1503	1507	1510
·18	1514	1517	1521	1524	1528	1531	1535	1538	1542	1545
·19	1549	1552	1556	1560	1563	1567	1570	1574	1578	1581
·20	1585	1589	1592	1596	1600	1603	1607	1611	1614	1618
·21	1622	1626	1629	1633	1637	1641	1644	1648	1652	1656
·22	1660	1663	1667	1671	1675	1679	1683	1687	1690	1694
·23	1698	1702	1706	1710	1714	1718	1722	1726	1730	1734
·24	1738	1742	1746	1750	1754	1758	1762	1766	1770	1774
·25	1778	1782	1786	1791	1795	1799	1803	1807	1811	1816
·26	1820	1824	1828	1832	1837	1841	1845	1849	1854	1858
·27	1862	1866	1871	1875	1879	1884	1888	1892	1897	1901
·28	1905	1910	1914	1919	1923	1928	1932	1936	1941	1945
·29	1950	1954	1959	1963	1968	1972	1977	1982	1986	1991
·30	1995	2000	2004	2009	2014	2018	2023	2028	2032	2037
·31	2042	2046	2051	2056	2061	2065	2070	2075	2080	2084
·32	2089	2094	2099	2104	2109	2113	2118	2123	2128	2133
·33	2138	2143	2148	2153	2158	2163	2168	2173	2178	2183
·34	2188	2193	2198	2203	2208	2213	2218	2223	2228	2234
·35	2239	2244	2249	2254	2259	2265	2270	2275	2280	2286
·36	2291	2296	2301	2307	2312	2317	2323	2328	2333	2339
·37	2344	2350	2355	2360	2366	2371	2377	2382	2388	2393
·38	2399	2404	2410	2415	2421	2427	2432	2438	2443	2449
·39	2455	2460	2466	2472	2477	2483	2489	2495	2500	2506
·40	2512	2518	2523	2529	2535	2541	2547	2553	2559	2564
·41	2570	2576	2582	2588	2594	2600	2606	2612	2618	2624
·42	2630	2636	2642	2649	2655	2661	2667	2673	2679	2685
·43	2692	2698	2704	2710	2716	2723	2729	2735	2742	2748
·44	2754	2761	2767	2773	2780	2786	2793	2799	2805	2812
·45	2818	2825	2831	2838	2844	2851	2858	2864	2871	2877
·46	2884	2891	2897	2904	2911	2917	2924	2931	2938	2944
·47	2951	2958	2965	2972	2979	2985	2992	2999	3006	3013
·48	3020	3027	3034	3041	3048	3055	3062	3069	3076	3083
·49	3090	3097	3105	3112	3119	3126	3133	3141	3148	3155
	0	1	2	3	4	5	6	7	8	9

P. P.

	2	3	4
1	0	0	0
2	0	1	1
3	1	1	1
4	1	1	2
5	1	2	2
6	1	2	2
7	1	2	3
8	2	2	3
9	2	3	4

	5	6	7
1	1	1	1
2	1	1	1
3	2	2	2
4	2	2	3
5	3	3	4
6	3	4	4
7	4	4	5
8	4	5	6
9	5	5	6

P. P.

Log	0	1	2	3	4	5	6	7	8	9
·50	3162	3170	3177	3184	3192	3199	3206	3214	3221	3228
·51	3236	3243	3251	3258	3266	3273	3281	3289	3296	3304
·52	3311	3319	3327	3334	3342	3350	3357	3365	3373	3381
·53	3388	3396	3404	3412	3420	3428	3436	3443	3451	3459
·54	3467	3475	3483	3491	3499	3508	3516	3524	3532	3540
·55	3548	3556	3565	3573	3581	3589	3597	3606	3614	3622
·56	3631	3639	3648	3656	3664	3673	3681	3690	3698	3707
·57	3715	3724	3733	3741	3750	3758	3767	3776	3784	3793
·58	3802	3811	3819	3828	3837	3846	3855	3864	3873	3882
·59	3890	3899	3908	3917	3926	3936	3945	3954	3963	3972
·60	3981	3990	3999	4009	4018	4027	4036	4046	4055	4064
·61	4074	4083	4093	4102	4111	4121	4130	4140	4150	4159
·62	4169	4178	4188	4198	4207	4217	4227	4236	4246	4256
·63	4266	4276	4285	4295	4305	4315	4325	4335	4345	4355
·64	4365	4375	4385	4395	4406	4416	4426	4436	4446	4457
·65	4467	4477	4487	4498	4508	4519	4529	4539	4550	4560
·66	4571	4581	4592	4603	4613	4624	4634	4645	4656	4667
·67	4677	4688	4699	4710	4721	4732	4742	4753	4764	4775
·68	4786	4797	4808	4819	4831	4842	4853	4864	4875	4887
·69	4898	4909	4920	4932	4943	4955	4966	4977	4989	5000
·70	5012	5023	5035	5047	5058	5070	5082	5093	5105	5117
·71	5129	5140	5152	5164	5176	5188	5200	5212	5224	5236
·72	5248	5260	5272	5284	5297	5309	5321	5333	5346	5358
·73	5370	5383	5395	5408	5420	5433	5445	5458	5470	5483
·74	5495	5508	5521	5534	5546	5559	5572	5585	5598	5610
·75	5623	5636	5649	5662	5675	5689	5702	5715	5728	5741
·76	5754	5768	5781	5794	5808	5821	5834	5848	5861	5875
·77	5888	5902	5916	5929	5943	5957	5970	5984	5998	6012
·78	6026	6039	6053	6067	6081	6095	6109	6124	6138	6152
·79	6166	6180	6194	6209	6223	6237	6252	6266	6281	6295
·80	6310	6324	6339	6353	6368	6383	6397	6412	6427	6442
·81	6457	6471	6486	6501	6516	6531	6546	6561	6577	6592
·82	6607	6622	6637	6653	6668	6683	6699	6714	6730	6745
·83	6761	6776	6792	6808	6823	6839	6855	6871	6887	6902
·84	6918	6934	6950	6966	6982	6998	7015	7031	7047	7063
·85	7079	7096	7112	7129	7145	7161	7178	7194	7211	7228
·86	7244	7261	7278	7295	7311	7328	7345	7362	7379	7396
·87	7413	7430	7447	7464	7482	7499	7516	7534	7551	7568
·88	7586	7603	7621	7638	7656	7674	7691	7709	7727	7745
·89	7762	7780	7798	7816	7834	7852	7870	7889	7907	7925
·90	7943	7962	7980	7998	8017	8035	8054	8072	8091	8110
·91	8128	8147	8166	8185	8204	8222	8241	8260	8279	8299
·92	8318	8337	8356	8375	8395	8414	8433	8453	8472	8492
·93	8511	8531	8551	8570	8590	8610	8630	8650	8670	8690
·94	8710	8730	8750	8770	8790	8810	8831	8851	8872	8892
·95	8913	8933	8954	8974	8995	9016	9036	9057	9078	9099
·96	9120	9141	9162	9183	9204	9226	9247	9268	9290	9311
·97	9333	9354	9376	9397	9419	9441	9462	9484	9506	9528
·98	9550	9572	9594	9616	9638	9661	9683	9705	9727	9750
·99	9772	9795	9817	9840	9863	9886	9908	9931	9954	9977

| | 0 | 1 | 2 | 3 | 4 | 5 | 6 | 7 | 8 | 9 | P. P. |

P. P.

	8	9	10	11
1	1	1	1	1
2	2	2	2	2
3	2	3	3	3
4	3	4	4	4
5	4	5	5	6
6	5	5	6	7
7	6	6	7	8
8	6	7	8	9
9	7	8	9	10

	12	13	14	15
1	1	1	1	2
2	2	3	3	3
3	4	4	4	5
4	5	5	6	6
5	6	7	7	8
6	7	8	8	9
7	8	9	10	11
8	10	10	11	12
9	11	12	13	14

	16	17	18	19
1	2	2	2	2
2	3	3	4	4
3	5	5	5	6
4	6	7	7	8
5	8	9	9	10
6	10	10	11	11
7	11	12	13	13
8	13	14	14	15
9	14	15	16	17

	20	21	22	23
1	2	2	2	2
2	4	4	4	5
3	6	6	7	7
4	8	8	9	9
5	10	11	11	12
6	12	13	13	14
7	14	15	15	16
8	16	17	18	18
9	18	19	20	21

1 Mol (Grammmolekulargewicht) eines idealen Gases nimmt bei $t = 0^0$ C (entsprechend $T = 273{,}09^0$ in absoluter Zählung) und $p = 76$ cm Quecksilberdruck unter 45^0 Breite 22,412 Liter ein (D. Berthelot, Z. f. Elektrochemie **10**, 621—629).

Lösung quadratischer Gleichungen:

$$x^2 + ax + b = 0; \quad x = -\frac{1}{2}a \pm \sqrt{\left(\frac{a}{2}\right)^2 - b}.$$

Lösung kubischer Gleichungen:

$$x^3 + ax^2 + bx + c = 0,$$

man setze $p = b - \frac{1}{3}a^2$ und $q = 2\left(\frac{a}{3}\right)^3 - \frac{1}{3}ab + c$,
ferner

$$y = \sqrt[3]{-\frac{q}{2} \pm \sqrt{\left(\frac{p}{3}\right)^3 + \left(\frac{q}{2}\right)^2}} + \sqrt[3]{-\frac{q}{2} \mp \sqrt{\left(\frac{p}{3}\right)^3 + \left(\frac{q}{2}\right)^2}},$$

so ist

$$x = y - \frac{1}{3}a.$$

Wird $\sqrt{\left(\frac{p}{3}\right)^3 + \left(\frac{q}{2}\right)^2}$ negativ, so setzt man

$$\sin 3\varepsilon = 4q : \left(-\frac{4}{3}p\right)^{3/2}$$

und

$$r = \left(-\frac{4}{3}p\right)^{1/2};$$

dann ist

$$y_1 = r \sin \varepsilon; \quad y_2 = r \sin(60^0 - \varepsilon); \quad y_3 = -r \sin(60^0 + \varepsilon).$$

Temperatur und Dichte des Quecksilbers.

t	D	t	D	t	D
-10^0	13,6202	30^0	13,5217	70^0	13,4244
0^0	5955	40^0	4973	80^0	4003
10^0	5708	50^0	4729	90^0	3762
20^0	5462	60^0	4486	100^0	3522